U0163270

国家出版基金项目
NATIONAL PUBLICATION FOUNDATION

商用飞机系统工程系列
主编 贺东风

# 商用飞机
# 项目风险和机遇管理

## Risk and Opportunity Management in
## Commercial Aircraft Development Program

厉 峰 王 磊 迟悦臻 胡笑斌 著

上海交通大学出版社
SHANGHAI JIAO TONG UNIVERSITY PRESS

**内容提要**

本书为"大飞机出版工程·商用飞机系统工程系列"图书之一。本书针对商用飞机研发项目的全生命周期,以中国商用飞机制造企业的主要管理机制和人文特点为背景,关注风险和机遇管理应用的实践,并向读者展示简单、实用、操作性强的管理工具;同时,通过回顾中国商用飞机研发项目实施中风险管理应用的发展和历史,介绍目前应用的现状,分享笔者在实际使用中的经验、遇到的问题及面临的挑战;最后提出进一步推广使用相关流程、工具方法的设想,以及对于风险和机遇管理在中国商用飞机研发领域中持续推广应用的展望。本书可以作为国内从事高度复杂产品研发、制造、生产和运营人士在管理其项目时的参考资料,也可以作为高等学校工程管理、系统工程类学科高年级本科生和研究生的辅助教材,同时对于其他制造行业人员、技术管理类学者和研究人员也有一定的指导作用。

**图书在版编目(CIP)数据**

商用飞机项目风险和机遇管理／厉峰等著. —上海:
上海交通大学出版社,2023.6
大飞机出版工程. 商用飞机系统工程系列
ISBN 978－7－313－27917－0

Ⅰ. ①商… Ⅱ. ①厉… Ⅲ. ①民用飞机—项目管理
Ⅳ. ①V271

中国版本图书馆 CIP 数据核字(2022)第 209831 号

**商用飞机项目风险和机遇管理**
SHANGYONG FEIJI XIANGMU FENGXIAN HE JIYU GUANLI

| | | | |
|---|---|---|---|
| 著　　者:厉　峰　王　磊　迟悦臻　胡笑斌 | | | |
| 出版发行:上海交通大学出版社 | 地　　址:上海市番禺路 951 号 | | |
| 邮政编码:200030 | 电　　话:021－64071208 | | |
| 印　　制:上海颛辉印刷厂有限公司 | 经　　销:全国新华书店 | | |
| 开　　本:710 mm×1000 mm　1/16 | 印　　张:15 | | |
| 字　　数:222 千字 | | | |
| 版　　次:2023 年 6 月第 1 版 | 印　　次:2023 年 6 月第 1 次印刷 | | |
| 书　　号:ISBN 978－7－313－27917－0 | | | |
| 定　　价:108.00 元 | | | |

# 大飞机出版工程
# 丛书编委会

师、中国工程院院士）

汪　海（上海市航空材料与结构检测中心主任、研究员）

张卫红（西北工业大学副校长、中国科学院院士）

张新国（中国航空工业集团原副总经理、研究员）

陈迎春（中国商用飞机有限责任公司 CR929 飞机总设计师、研究员）

陈宗基（北京航空航天大学自动化科学与电气工程学院教授）

陈　勇（中国商用飞机有限责任公司工程总师、ARJ21 飞机总设计师、研究员）

陈懋章（北京航空航天大学能源与动力工程学院教授、中国工程院院士）

金德琨（中国航空工业集团公司原科技委委员、研究员）

赵越让（中国商用飞机有限责任公司原总经理、研究员）

姜丽萍（中国商用飞机有限责任公司制造总师、研究员）

曹春晓（中国航空工业集团北京航空材料研究院研究员、中国工程院院士）

敬忠良（上海交通大学航空航天学院教授）

傅　山（上海交通大学电子信息与电气工程学院研究员）

# 总　序

　　国务院在 2007 年 2 月底批准了大型飞机研制重大科技专项正式立项，得到全国上下各方面的关注。"大型飞机"工程项目作为创新型国家的标志工程重新燃起我们国家和人民共同承载着"航空报国梦"的巨大热情。对于所有从事航空事业的工作者，这是历史赋予的使命和挑战。

　　1903 年 12 月 17 日，美国莱特兄弟制作的世界第一架有动力、可操纵、比重大于空气的载人飞行器试飞成功，标志着人类飞行的梦想变成了现实。飞机作为 20 世纪最重大的科技成果之一，是人类科技创新能力与工业化生产形式相结合的产物，也是现代科学技术的集大成者。军事和民生对飞机的需求促进了飞机迅速而不间断的发展和应用，体现了当代科学技术的最新成果；而航空领域的持续探索和不断创新，为诸多学科的发展和相关技术的突破提供了强劲动力。航空工业已经成为知识密集、技术密集、高附加值、低消耗的产业。

　　从大型飞机工程项目开始论证到确定为《国家中长期科学和技术发展规划纲要》的十六个重大专项之一，直至立项通过，不仅使全国上下重视我国自主航空事业，而且使我们的人民、政府理解了我国航空事业半个多世纪发展的艰辛和成绩。大型飞机重大专项正式立项和启动使我们的民用航空进入新纪元。经过 50 多年的风雨历程，当今中国的航空工业已经步入了科学、理性的发展轨道。大型客机项目产业链长、辐射面宽、对国家综合实力带动性强，在国民经济发展和科学技术进步中发挥着重要作用，我国的航空工业迎来了新的发展机遇。

　　大型飞机的研制承载着中国几代航空人的梦想，造出与波音公司波音 737 和空客公司 A320 改进型一样先进的"国产大飞机"已经成为每个航空人心中奋斗的目标。然而，大型飞机覆盖了机械、电子、材料、冶金、仪器仪表、化工等几乎所有工业门类，集成数学、空气动力学、材料学、人机工程学、自动控制学等多种学科，是一个复杂的科技创新系统。为了迎接新形势下理论、技术和工程等方面的严峻挑战，迫切需要引入、借鉴国外的优秀出版物和数据资料，总结、巩固我们的经验和成果，编著一套以"大飞机"为主题的丛书，借以推动服务"大飞机"作为推动服务整个航空科学的切入点，同时对于促进我国航空事业的发展和加快航空紧缺人才的培养，具有十分重要的现实意义和深远的历史意义。

2008 年 5 月，中国商用飞机有限公司成立之初，上海交通大学出版社就开始酝酿"大飞机出版工程"，这是一项非常适合"大飞机"研制工作时宜的事业。新中国第一位飞机设计宗师——徐舜寿同志在领导我们研制中国第一架喷气式歼击教练机——歼教 1 时，亲自撰写了《飞机性能及算法》，及时编译了第一部《英汉航空工程名词字典》，翻译出版了《飞机构造学》《飞机强度学》，从理论上保证了我们的飞机研制工作。我本人作为航空事业发展 50 多年的见证人，欣然接受上海交通大学出版社的邀请担任该丛书的主编，希望为我国的"大飞机"研制发展出一份力。出版社同时也邀请了王礼恒院士、金德琨研究员、吴光辉总设计师、陈迎春副总设计师等航空领域专家撰写专著、精选书目，承担翻译、审校等工作，以确保这套"大飞机"丛书具有高品质和重大的社会价值，为我国的大飞机研制以及学科发展提供参考和智力支持。

编著这套丛书，一是总结整理 50 多年来航空科学技术的重要成果及宝贵经验；二是优化航空专业技术教材体系，为飞机设计技术人员的培养提供一套系统、全面的教科书，满足人才培养对教材的迫切需求；三是为大飞机研制提供有力的技术保障；四是将许多专家、教授、学者广博的学识见解和丰富的实践经验总结继承下来，旨在从系统性、完整性和实用性角度出发，把丰富的实践经验进一步理论化、科学化，形成具有我国特色的"大飞机"理论与实践相结合的知识体系。

"大飞机出版工程"丛书主要涵盖了总体气动、航空发动机、结构强度、航电、制造等专业方向，知识领域覆盖我国国产大飞机的关键技术。图书类别分为译著、专著、教材、工具书等几个模块；其内容既包括领域内专家们最先进的理论方法和技术成果，也包括来自飞机设计第一线的理论和实践成果。如：2009 年出版的荷兰原福克飞机公司总师撰写的 *Aerodynamic Design of Transport Aircraft*（《运输类飞机的空气动力设计》）；由美国堪萨斯大学 2008 年出版的 *Aircraft*

*Propulsion*（《飞机推进》）等国外最新科技的结晶；国内《民用飞机总体设计》等总体阐述之作和《涡量动力学》《民用飞机气动设计》等专业细分的著作；也有《民机设计1000问》《英汉航空缩略语词典》等工具类图书。

该套图书得到国家出版基金资助，体现了国家对"大型飞机"项目和"大飞机出版工程"这套丛书的高度重视。这套丛书承担着记载与弘扬科技成就、积累和传播科技知识的使命，凝结了国内外航空领域专业人士的智慧和成果，具有较强的系统性、完整性、实用性和技术前瞻性，既可作为实际工作指导用书，亦可作为相关专业人员的学习参考用书。期望这套丛书能够有益于航空领域里人才的培养，有益于航空工业的发展，有益于大飞机的成功研制。同时，希望能为大飞机工程吸引更多的读者来关心航空、支持航空和热爱航空，并投身于中国航空事业做出一点贡献。

2009 年 12 月 15 日

# 系列序

　　大型商用飞机项目是一项极其复杂的系统工程，是一个国家工业、科技水平和综合实力的集中体现。在当今全球经济环境下，飞机全生命周期活动是分布式的，从单个设计区域分配到各个供应商网络，到完成后返回进行最终产品集成。许多政治、经济和技术因素都影响其中的协作过程。在全球协作网络中，过程、方法和工具的紧密、高效整合是现代商用飞机型号项目成功的关键因素。商用飞机的研制需要将主制造商作为一个复杂系统，从企业层级统筹考虑产品系统的设计研发和生产制造，并将供应链管理也纳入系统工程的过程中，用系统工程的视角，组织、整合和利用现有资源，以更加快速、高效地开展企业的生产活动；同时需要在更大的范围内整合资源，将型号研制纳入全球民用航空运输系统的范畴中，以期生产出更优质的、更具竞争力的产品。通过开展基于系统工程的项目管理，对研制过程各要素进行整合，以满足客户及适航要求，利用有限的时间、经费等资源，打造一款飞行员愿意飞、乘客愿意坐、航空公司愿意买的飞机，是我国民用航空产业面临的主要挑战，同时也是实现项目商业成功和技术成功的必由之路。

　　经过几十年的发展，欧美工业界形成了《ISO/IEC 15288—2015：系统和软件工程——系统生命周期过程》等一系列系统工程工业标准；美国国家航空航天局、美国国防部、美国联邦航空局、美国海军和空军等都制定了本行业的系统工程手册；民用航空运输领域制定了 SAE ARP4754A《商用飞机与系统研制指南》等相关指南。同时，航空工业界也一直在开展系统工程实践，尤其是以波音 777 项目为代表，首次明确地按照系统工程方法组织人员、定义流程和建立文档规范，并通过组织设计制造团队，实现数字化的产品定义和预装配，从而较大地改进研制过程，提高客户满意度，降低研发成本。其后的波音 787 项目、空客 A350 项目更是进一步大量使用最新的系统工程方法、工具，为项目成功带来实实在在的好处。

　　目前，我国在系统工程标准方面，也制定了一些工业标准，但总的来说，还是缺乏一些针对特定领域（如商用飞机领域）的指南和手册，相较国外先进工业实践还存在一定的差距。通过新型涡扇支线飞机和大型干线客机两大型号的积累，我国商用飞机产业在需求管理、安全性分析、变更管理、系统集成与验证以及合格审定等方面取得了长足进步，在风险管理、构型管理、供应链管理、项目组织建设等方面也进行了全面的探索，初步形成了以满足客户需求为目的，围绕产品全生命周期，通过产品集成与过程集成实现全局最优的技术和管理体系，并探索出适用商用飞机领域的系统工程是"以满足客户需求为目的，围绕产品全生命周期，通过产品集成与过程集成实现全局最优的一种跨专业、跨部门、跨企业的技术和管理方法"。

进入美国的再工业化、德国工业4.0、中国制造2025的时代，各制造强国和制造大国在新一轮工业革命浪潮下，都选择以赛博物理系统为基础，重点推进智能制造，进而实现工业的转型升级。其中一个重要的主题是要解决整个生命周期内工程学的一致性。要让现实世界和虚拟世界在各个层次融合，要在机械制造、电气工程、计算机科学领域就模型达成共识。因此，系统工程方法在这个新的时代变得尤为重要，是使产品、生产流程和生产系统实现融合的基础。对于我国航空工业而言，面对标准的挑战、数据安全的挑战、战略及商业模式的挑战、企业组织的挑战、过程管理的挑战、工具方法（SysML管理工具）的挑战、工业复杂性的挑战、系统工程人才培养与教育的挑战，积极推进系统工程，才能为在新一轮的工业革命中实现跨越式发展打好基础。

编著这套丛书，一是介绍国内外商用飞机领域先进的系统工程与项目管理理念、理论和方法，为我国航空领域人员提供一套系统、全面的教材，满足各类人才对系统工程和项目管理知识的迫切需求；二是将商用飞机领域内已有型号的系统工程与项目管理实践的重要成果和宝贵经验以及专家、学者的知识总结继承下来，形成一套科学化、系统化的理论知识体系；三是提供一套通用的技术概念，理清并定义商用飞机领域的所有接口，促进一系列技术标准的制定，推动系统工程和项目管理技术体系的形成，促进整个商用飞机产业工业化和信息化的深度融合。

"商用飞机系统工程"系列编委会由美国南加州大学、清华大学、浙江大学、上海交通大学、中国商用飞机有限责任公司等国内外高校和企业的航空界系统工程与项目管理领域的专家和学者组建而成，凝结了国内外航空界专业人士的智慧和成果。本系列丛书获得了2022年度国家出版基金的资助，说明了国家对大飞机事业的高度重视和认可。希望本系列丛书的出版能够达到预期的目标。在此，要感谢参与本丛书编撰工作的所有编著者以及所有直接或间接参与本丛书审校工作的专家、学者的辛勤工作；也向上海交通大学出版社大飞机出版中心的各位编辑表示感谢，他们为本系列丛书的出版做了大量工作。最后，希望本丛书能为商用飞机产业中各有关单位系统工程能力的提升做出应有的贡献。

（贺东风　中国商用飞机有限责任公司董事长）

# 序

风险和机遇管理作为一个不可或缺的项目管理要素集，为商用飞机这种高度复杂的产品研发项目提供了高效、有序的项目实施框架和平台。风险是任何项目与生俱来的属性，在大多数项目实践中，无论其大小和复杂程度，项目从业人员所遇到的最大问题之一都是风险失控，而项目的成功往往离不开一系列有效地识别、分析、应对、监控风险的活动，这些活动贯穿于项目生命周期的始终。

在很长的一段时间内，问题导向的工作模式充分借助国有制企业集中力量办大事的优势，有效地利用了有限的资源，创造出了一个又一个航空业的奇迹。一时间，"业务谁主管，问题谁解决"显示出了豪迈的主人翁精神和舍我其谁的责任心。但是，在讲求预警式管理模式的风险和机遇管理环境中，简单地将"业务谁主管，问题谁解决"改成"业务谁主管，风险谁解决"的口号不但直接让风险和机遇管理模式与问题管理模式等同起来，体现不了两者的区别，而且在较多数从业人员，甚至不少中高层领导干部对风险和机遇管控模式及做法尚不熟知的前提下，起到了一定的误导作用，客观上阻碍了风险和机遇的有效识别以及后续的动态管理。一方面，业务主管会认为反正都是自身业务领域内的事，只要解决了，过程和记录都不一定重要，分享一说更无太多实际意义；另一方面，既然风险和问题管理模式相同，又何苦分散资源去建立一套新的机制来跟踪处理风险呢？使用问题管理流程和机制不就一举两得了吗？甚至于建立了专业风险管理部门、设立风险管理专职岗位的组织机构也会使用同样的模板和格式，上报项目风险和问题，并执行非常相似的决策流程，导致部分风险管理机制的实施流于形式。更有甚者，有的实施过程人员直接喊出了"风险谁提出，风险谁解决"，将好好的一个项目管理工具变成了人人嫌弃、唯恐避之不及的"怪物"——由于识别和提出风险的往往不是业务主管方,"云深不知处"和"灯下黑"使得当局者迷。在问题未暴露之前,特定业务的利益攸关方更可能发现潜在的风险,他们要么是下游客户,要么是上游输入方,或者是下一层级团队,抑或是服务支援团队、供应商等。但如果按照风险提出人负责制,结果很可能变成提出风险即是增加自身的工作负担、挤占自身的项目资源;更何况大多数情况下,风险提出方没有能力调动或获取应对风险的资源,其应对的结果不是赶鸭子上架,就是治标不治本,时间一久,吃力不讨好的事仅靠觉悟作为动力是远远不足的。再者,不管是国内的项目管理还是国外的项目管理,共通的一点是救火的永远比防火的能更快、更多地获得项目出资方或组织的资源,在风险和机遇管理机制尚不成熟的情形下这一特点尤为突出,甚至可能催生有意无意地忽视风险,等待风险转化成问题时"坐地起价"的不良习气,需要企业组织和项目管理者引起高度重视。

因此,基于上述方面的一些思考,我在本书中除了推广介绍风险和机遇管理的理论和工具方法之外,更意在传播以风险和机遇为导向、立足于"防患于未然"的工作理念和思路;同时,通过这种抛砖引玉的方式,让该话题获得更多的关注、研究和讨论,期待能更快、更高效地使我国商用飞机制造领域的风险和机遇管理达到更科学、更适用、更规范的水平。

风险和机遇管理不应该被当作简单的技术手段或工具,它是一种理念、一种习惯和一种工作模式!咱们中国人有句笑话,"对于中国人来说,隐私不重要,但是面子非常重要"。所以,任何涉及个人或集体的负面信息的讨论,哪怕是出于善意的科学探讨和规律研究,也往往会被敏感化或污名化,在公众场合讨论是不受鼓励的,而风险又正好是这一类话题。多年来,我已经习惯于就事论事、有话直说,存在着被人误解的风险,也曾明里暗里得罪过人、遭到各种质疑。写这本书的过程也是让我重新审视这种性格和习惯的机会,对我而言,能否利用这个机遇,好好梳理一下自身的不足,特别是在这个既熟悉又陌生的环境中为实现自己的理想、为国家的目标努力地助推一把,其实也是一个风险和机遇管理的实例。能出版这本书,也许可以从某种角度说明我的风险管理到位,风险可控了。参与本书编写的几位小伙伴都是第一次梳理自身的工作经验,失误和疏漏在所难免。本书也一定存在这样或那样的问题,甚至是会产生争议的问题,非常希望能够有机会和更多的同行和同好进行讨论和研究,我想这不但对我们本身的提高有所裨益，更重要的是希望能够给本行业的项目风险和机遇管理带来一些也许在将来能引起质变的量变，虽然很小，持之以恒，必能成事。咱们中国人最自豪的品格之一就是愚公移山的精神，不是吗？

厉　峰

# 前　言

刚得知要写一本关于商用飞机研发项目风险管理的书籍时，我其实是有所犹豫的。主要原因大致有三个：一来，与风险管理理论、工具和方法相关的书籍即使不能用"琳琅满目"来形容，也算是层出不穷了。从原理上讲，风险管理的架构和途径很简单、清晰；从工具上讲，各种定性或定量的风险评价工具林林总总，很难写出什么新意来，而依样画葫芦、拾人牙慧地编一本书不是我的初衷和目的。二则，虽然我从事项目管理多年，但如果无法在风险管理理论方面拿出自成一家的东西，不免会有浪费读者时间的嫌疑。其三，我在风险管理领域积攒的所谓经验和资历绝大部分来自不同行业内的亲身实践（hands-on experience from getting my hands dirty），虽然我多年来在这个领域确实经历过、看到过、听说过，也思考过、策划过、尝试过、希望过不少，但相关内容可能对读者而言会比较琐碎，如果拿捏不到位便是一地鸡毛了。为此，我们专门找了几位在公司里从事过这方面工作，有闯劲、有想法的年轻人一起想点子、出主意，用符合系统工程理念的说法，运用了包括"头脑风暴"在内的工具。几经周折，我们最后确定以正向推动中国商用飞机制造领域型号产品研发过程中的项目风险管理为目的，围绕我们认为有用的基本概念和基础理论，遵循我们共同认可的根本原则和原始模式，展示我们从业过程中有用的方法和实用的工具，分享我们亲身经历过的或曾无奈地看着我们的同伴和同行犯过的错误、吃过的亏、陷入过的窘境和认知上的误区，从实际应用的角度出发，跟读者进行交流。我们也一致认为，在当今瞬息万变的市场经济环境中，对研发新的商用飞机来说，把握机遇与管控风险同等重要，因此，项目的机遇管理也应当作为值得关注的重要内容列入本书。如果用最简单的词语来形容编写本书的初衷，我想便是"实用"二字，如果读者能认可其实用的价值，就是对我们这个小团队最大的认同和鼓励。本书中除了最基本的概念和理论，还包括我们编写团队对一些相关认知的集合，以及经验告诉我们在工作实施过程中的"Do"和"Don't"。所以说，如果您希望在本书中看到一套完整的理论体系，可能会有些失望，但是您可以在书中找到一些风险管理工作中曾经经历过的场景，感受到日常工作中应对项目风险时的一些无奈，体会到风险应急处理的无助，或者发现一两个可用的小工具，并对本书分享的案例产生一些共鸣……只要您觉得本书帮助您解决了日常工作中的一个小问题，解答了困扰您很久的一个小疑惑，我们就非常满足了。

本书共分为9章，其基本结构如下：第1章是"基本概念"，目的是框定本书的涉及范围——中国商用飞机项目研发过程中的风险和机遇管理实践；同时统一一些全书使用较多的术语和定义，例如项目、项目群、项目组合、项目风险和机遇管理；以及理清一些重要的关系，例如风险与问题的关系、风险管理在系统工程和项目管理中的作用等。第2章是"复杂产品研发中的风险和机遇管理"，通过追溯风险和机遇管理的起源，逐步将本书聚焦到商用飞机这类复杂产品的研发项目上来，让读者对什么是复杂产品，为什么对复杂产品要使用系统工程和项目管理（含风险和机遇管理）手段，这些管理手段中采用的工具方法有何特殊要求等方面产生感性的认识；同时，通过对通信卫星系统、高速铁路机车研发、核电站建设项目和喷气式商用客机等复杂产品项目特点的简单讨论，使读者体会其间的异同。第3章是"风险和机遇管理在商用飞机制造业的发展"，主要以国外商用飞机制造业为背景，简单回顾其项目风险和机遇管理的发展历程、主要特点和发展趋势，并试图从中提炼出值得我们继承、学习的经验以及可以避免的教训。第4章是"中国商用飞机研发项目风险管理发展历程"，重点关注项目风险管理在中国商用飞机制造业内出现、被认知、应用、发展的历程，以使读者对于本书的探讨对象有个总体认识，并对我们关注的应用场景形成初步的概念。第5章是"中国商用飞机制造业风险和机遇管理的应用背景"，通过锁定特定场景，进一步展示在中国特有的企业机制和人文背景下实施项目风险和机遇管理的基本要求和具体特征，也展示了在全球化趋势不可逆的大背景下我们可能面临的国际性市场竞争。第6章是"项目风险和机遇管理实践"，这一章展示和介绍的是一组已经历过实战检验，并被认为适用于中国商用飞机制造领域的理念、实用工具和方法。在很多场合中，这些解决方案配合浅显易用的图表甚至可以直接应用到日常工作中，快速检验其实用性。第7章是"项目风险和机遇管理应用示例"，在第6章介绍的实用工具和方法的基础上，按照商用飞机这一复杂产品的研发规律和特点，选择其产品全生命周期内若干重要阶段，针对特定的、有着现实基础的风险和机遇事件，展示这些工具和方法在虚拟实境中的应用效果，最大限度地让读者体会到理论结合实际的效果。第8章是"项目风险和机遇管理常见挑战"，重点列举在实施项目风险和机遇管理的过程中，面对商用飞机制造领域的应用场景，以及在具体运用项目风险和机遇管理方法工具时的"风险"。这些"风险"情形和事件可能使项目风险和机遇管理工作效果不彰甚至引起反效果，我们也试着提供了一些比较常用的避险措施和做法。第9章是"结束语"，本书对于项目风险和机遇管理的讨论和分享暂时告一段落，但是风险和机遇管理的理论和实践依然在不断发展和更新换代。呼应第1章的表达，要想做好项目的风险和机遇管理，还是需要从实用工具层面回到整个项目管理的大框架下，发挥综合集成的效应；同时，想和各位读者再多分享一些我们关于管理、创新、继承，以及理论和实践上的感悟。

全书由厉峰进行策划、顶层框架设计和统稿工作。前言及第8、9章由厉峰撰写，第1、2章由厉峰和王磊撰写，第3、4、5章由厉峰、王磊、迟悦臻、胡笑斌撰写，第6章由迟悦臻、厉峰、胡笑斌撰写，第7章由厉峰、王磊、迟悦臻、胡笑斌撰写。此外，冯阳希参与了本书的策划工作并提供了资料，张乐、张建军、贺白羽、谢赟杰等都花费了宝贵的时间和精力，给本书提供了十分有用的意见和反馈，为本书的进一步完善提供了保障。同时感谢长期奋斗在中国航空制造业的邹海宁先生拨冗，就相关内容跟我进行了多次深入交流，令我受益匪浅。此外，中国商用飞机有限责任公司总部和各单位的干部、员工在本书编撰期间也给我们提供了很多启发，促使我们积极思考，并将这些思考转换为成果同读者分享，在此也一并表示感谢！

由于笔者水平有限，书中存在的不足和错误之处，敬请读者批评指正。

著 者

# 目　录

第1章　基本概念 ……………………………………………………………… 1

1.1　项目、项目群和项目组合 ……………………………………………… 1

1.1.1　什么是项目 ………………………………………………… 1

1.1.2　什么是项目群 ……………………………………………… 3

1.1.3　什么是项目组合 …………………………………………… 5

1.1.4　项目、项目群和项目组合的关系 ………………………… 6

1.2　风险和机遇 ……………………………………………………………… 11

1.2.1　什么是风险 ………………………………………………… 11

1.2.2　什么是机遇 ………………………………………………… 13

1.2.3　什么是项目的风险和机遇 ………………………………… 15

1.3　项目风险和机遇管理 …………………………………………………… 17

1.3.1　定义 ………………………………………………………… 18

1.3.2　管理的对象 ………………………………………………… 18

1.3.3　管理的范围和内容 ………………………………………… 19

1.3.4　风险和机遇管理与问题管理的区别及关系 ……………… 21

1.4　作为纽带和桥梁的风险和机遇管理 …………………………………… 22

1.5　本章小结 ………………………………………………………………… 25

第2章　复杂产品研发中的风险和机遇管理 ……………………………… 26

2.1　风险和机遇管理起源 …………………………………………………… 26

2.1.1　风险管理的起源 …………………………………………… 26

2.1.2　机遇管理的起源 ……………………………… 28

2.2　风险和机遇管理对于复杂产品的作用 ……………… 29

2.2.1　复杂产品的特点 ………………………………… 29

2.2.2　风险和机遇管理的作用 ………………………… 33

2.3　风险和机遇管理在复杂产品研发中的应用实例 …… 34

2.3.1　通信卫星系统 …………………………………… 35

2.3.2　大型核电站建设 ………………………………… 37

2.3.3　高速铁路机车 …………………………………… 40

2.3.4　喷气式商用客机 ………………………………… 42

2.4　本章小结 ……………………………………………… 45


第3章　风险和机遇管理在商用飞机制造业的发展 ……… 47

3.1　商用飞机制造业风险和机遇管理起源 ……………… 47

3.2　商用飞机制造业风险和机遇管理的特点 …………… 48

3.3　商用飞机制造业风险和机遇管理的发展趋势 ……… 52

3.3.1　风险和机遇管理的理论发展趋势 ……………… 52

3.3.2　风险和机遇管理的应用发展关注点 …………… 55

3.3.3　国内风险和机遇管理的发展趋势 ……………… 63

3.4　本章小结 ……………………………………………… 67


第4章　中国商用飞机研发项目风险管理发展历程 ……… 68

4.1　中国商用飞机发展历程一览 ………………………… 68

4.1.1　从"运十"到麦道合作项目 …………………… 69

4.1.2　国产螺旋桨客机 ………………………………… 72

4.1.3　国产喷气式客机 ………………………………… 74

4.2　风险管理在中国商用飞机制造领域的落地 ………… 77

4.3　风险管理在中国商用飞机制造领域的应用 ………… 80

4.3.1 国产螺旋桨客机项目的探索和实践 ……………… 80

4.3.2 国产喷气式客机项目的探索和实践 ……………… 82

4.4 本章小结 ………………………………………………… 84

第5章 中国商用飞机制造业风险和机遇管理的应用背景 ……… 86

5.1 喷气式大型客机研发主体 …………………………… 86

5.2 风险和机遇管理应用背景 …………………………… 88

5.2.1 国企的管理机制和人文特点 …………………… 89

5.2.2 国资委对中央企业的管理要求 ………………… 91

5.2.3 国资委对全面风险管理的要求 ………………… 93

5.2.4 商用飞机国际竞争市场 ………………………… 96

5.3 本章小结 ………………………………………………… 99

第6章 项目风险和机遇管理实践 ……………………………… 100

6.1 项目风险和机遇管理理念 …………………………… 100

6.2 项目风险和机遇管理方法 …………………………… 101

6.2.1 风险管理主要利益攸关方 ……………………… 101

6.2.2 初始信息搜集 …………………………………… 105

6.3 项目风险和机遇管理工具 …………………………… 106

6.3.1 风险分解结构 …………………………………… 106

6.3.2 研制阶段风险源线索表 ………………………… 110

6.3.3 风险的识别、分析和评价 ……………………… 113

6.3.4 风险分类及评判准则 …………………………… 120

6.3.5 风险概率指数矩阵 ……………………………… 122

6.3.6 风险应对计划和风险应急预案 ………………… 125

6.3.7 风险登记册 ……………………………………… 129

6.3.8 层次化的风险管理 ……………………………… 131

6.3.9 风险通报及状态监控 ………………………………………… 135

6.4 本章小结 ……………………………………………………………… 139

第7章 项目风险和机遇管理应用示例 …………………………………… 141

7.1 目标市场 ……………………………………………………………… 141

7.2 结构材料 ……………………………………………………………… 146

7.3 关键核心技术 ………………………………………………………… 150

7.4 敏捷管理 ……………………………………………………………… 153

7.5 试验试飞 ……………………………………………………………… 155

7.6 投入运营 ……………………………………………………………… 157

7.7 量产批产 ……………………………………………………………… 159

7.8 国际合作 ……………………………………………………………… 162

7.9 风险统计 ……………………………………………………………… 165

7.10 本章小结 …………………………………………………………… 169

第8章 项目风险和机遇管理常见挑战 …………………………………… 170

8.1 FAA 先进自动系统项目 …………………………………………… 170

8.2 DEV 行李处理系统 ………………………………………………… 172

8.3 失败项目的风险和机遇管理误区 ………………………………… 175

8.4 其他的项目风险和机遇管理挑战 ………………………………… 177

8.4.1 行政干预 ……………………………………………………… 178

8.4.2 风险管理与项目管理脱节 …………………………………… 180

8.4.3 问题与风险管理模式混淆 …………………………………… 183

8.4.4 风险管理权限集中 …………………………………………… 185

8.4.5 信息化工具整合 ……………………………………………… 186

8.5 本章小结 ……………………………………………………………… 188

第 9 章　结束语 ························································ 189

　　9.1　创新与继承 ················································ 189

　　9.2　理论与实践 ················································ 193

　　9.3　管理与人 ·················································· 196

　　9.4　应用发展的突破口 ········································ 198


参考文献 ································································ 201

缩略语 ·································································· 208

索引 ···································································· 209

# 第 1 章　基本概念

常言道，"名不正则言不顺"。影响沟通交流的最基本的因素之一就是我在描述一个苹果，你却在想象着一个梨的样子，其原因不外乎交流的双方没有处在同一个语境，使用同样的术语定义。文字是我们人类的伟大发明，人类的文明也依靠文字记载得以传承。但是文字这一符号式载体有着先天的局限性，往往无法全方位地表达所有的信息，导致交流障碍甚至误解。因此，有必要利用一些篇幅将项目风险和机遇管理所涉及的范围、内涵和外延开宗明义地向各位读者解释清楚，了解我们究竟讨论的是什么，可以用在什么地方，又不适合用在什么地方，以使本书的应用取得最佳的效果。

## 1.1 项目、项目群和项目组合

现代项目管理的对象逐步从单一项目发展到多项目，以及兼顾项目和经营活动的对象，其范围在扩充，外延在扩大，手段也日趋复杂。虽然本书仅关注针对单一项目的风险和机遇管理，但是有必要将上述几个概念和关系梳理清楚，明确本书所涉及的项目边界，为今后发展到项目群风险和机遇管理，最终探讨项目组合的风险和机遇管理打下基础。

### 1.1.1 什么是项目

如果没有上下文，则"项目"这两个字在中文里可以代表很多事情。《现代汉语词典》对"项目"的解释是"事物分成的门类"，所以一场水利建设可以是一个工程项目，游泳或跑步可以是一个体育项目，血糖指数检测也算是一个健康检测项目，飞船登月更是一种科研项目，不一而足。但是我们心里明白，上述四个项目例子都不是一个领域内的事，并且差别巨大。另外，从翻译的角度讲（以英语为例），我们把指代独特活动组合的"project"译成"项目"（如 a development project）；把掌管错综复杂的系统工程运营的"program"也译成"项目"（如 the Space Shuttle Program）；有时也将指代某一具体事项的"item"译成"项目"（如 a special item）。上述几个英文单词在其他场合又有别的译法，信息交流的障碍就这么慢慢产生了。所以，在进入本书主题之前，我们首先要做的就是正名，让读者了解本书所讨论的风险和机遇是在一种什么样的项目和项目环境下，适合什么样的场景来使用的。

那么本书中的"项目"指的是什么呢？因为商用飞机是工程技术领域的产品，研发这种产品的项目符合"为创造特定的产品和服务而进行的临时性工作"的定义，即被业界奉为现代项目管理经典的美国项目管理协会（PMI）的项目管理知识体系（PMBoK）[1] 中的界定，PMI 将这种项目称为"project"。这个简单的定义包含了三重重要的信息：首先是项目及其输出产品的独特性——没有任何两个项目是一模一样的，每一个项目产生的产品也是独特的。项目开发是一个创造的过程，是开发出前所未有的产品的过程。其次是临时性，也就是说项目的活动肯定是有始有终的，如同生物体，必定会经历一个"从生到死"的有限期限。虽然有些项目周期很长，但是再长的周期，也有终结和应该终结的那一刻。最后是目标的独特性——每一个项目要达成的项目目标都是独一无二的，哪怕是开发非常类似的产品，比如说在原型客机的基础上研发一款货运飞机，对于项目目标来讲差别也是很明显的。表1-1比较了企业经营活动与项目活动的主要异同。

表1-1　企业经营活动与项目活动的主要异同

| 比较类别 | 经 营 活 动 | 项 目 活 动 |
| --- | --- | --- |
| 终极目标 | 落地并实现企业的战略目标 | |
| 实施目标 | 维持企业正常运作 | 创造新的价值和利润增长点 |

| 比较类别 | 经营活动 | 项目活动 |
|---|---|---|
| 性质与内容 | 常规的重复性工作，依赖于通用作业流程，对创新性要求低，注重一致性和规范性；主要是管理问题 | 具备独特的一次性工作，流程可能需要在通用基础上剪裁和定制，具有创新性、一次性、临时性，需要突破常规的产出物；主要是管理风险和机遇 |
| 组织形式 | 较为固定的职能化机构，行政式管理 | 临时的任务团队结构，项目式管理 |
| 活动环境 | 相对封闭和确定，自成体系，工作稳定 | 开放式，充满不确定性，动态变化 |
| 约束条件 | 人、财、物方面的资源有限 | |
| 实施要求 | 依赖于适当的策划、合理的实施以及闭环的控制 | |

在商用飞机制造领域，我们将项目定义为"商用飞机产品与服务的研制开发工作，其生命周期起始于项目正式立项，结束于商用飞机产品取得生产许可证（production certification，PC），以及达到其他项目目标的时刻"。之所以将取得PC的目标进行单独描述，是因为这一目标代表了商用飞机的独特性——在正常情形下，取得PC，一方面表明该商用飞机型号及其生产体系已被监管方所认可，可以正式进入市场销售并投入运营（类似于军机领域的所谓"定型"）；另一方面也表示该型号产品能够在企业内通过日常经营活动被稳定地生产出来，项目活动正式被经营活动替代，因研发商用飞机产品而临时组织的各种资源能够被释放出来，经重新组合，或进入下一个新产品研发项目，或用来充实经营活动资源（比方说从事商用飞机批生产和运营支持的活动）。

## 1.1.2 什么是项目群

明白了什么是项目，什么是商用飞机项目之后，我们来看看项目群的定义。虽然前面提到本书仅仅讨论商用飞机项目的风险和机遇管理，不会涉及更大范围的项目群和项目组合，但是搞清楚项目与其他两者的关系，进而在实际工作中分清相互之间的界限是非常有必要的。那么，什么是"项目群"呢？"项目群"在国内被翻译成"项目集"，PMBoK 的英文原文使用的是"program"，其定义为"一组相互关联且需协调管理的项目、子项目及其活动"[2]。首先，项目群本身的范围一定超过了单一项目，但是它又并非简单地将几个不同的项目归集在一起。在上述定义里有两个重要的限制条件——"相互关联"和"协调管理"。顾名思义，项目群内的项目必须有着相互间的内在联系，比方说开发一个住宅楼盘是一个独立的工程建筑项目，而提供其周围的配套设施也是一个独立的工程建筑项目（通常我们称之为"配套项目"或"配套工程"）。上述两个项目可以独立管理，错时开工，但是两者肯定是有关联的，设置配套项目的目的是为住宅小区服务，离开了住宅楼盘项目，其存在就失去了意义和价值。同样道理，这两个项目需要同一个上级进行统筹管理，保证各自的项目目标不产生冲突和矛盾；与此同时，应用于这两个项目的资源也可以有效整合、合理使用，以产生集群效应，比如两个项目使用同样的成本管理软件和财务人员等。很显然，项目和项目群具有不完全一样的目标，因此其管理手段和方法也不完全相同。同理，项目群内某一个项目的失败也不一定会导致整个项目群失败，甚至对于复杂的项目群，由于约束条件的限制，有时候可能需要牺牲其中某些项目的目标，以保障整个项目群目标的实现。还是以上述开发住宅小区的项目群为例，如果装修资源发生冲突，只能保证住宅按时完工的话，很可能采取的方法是推迟配套项目装修的时间，以保证住宅准时交付。

在商用飞机制造领域，我们将项目群定义为"基于同一型号飞机产品系列化发展而产生的一组相互关联且需协调管理的项目、子项目及其活动。其生命周期起始于型号系列中的第一个项目立项，结束于该飞机产品系列中最后一架飞机退役"。以美国波音公司为例，其最经典的波音 737 飞机系列就是一个项目群，从 1967 年交付德国汉莎的 737－100 型和交付美联航的 737－200 型，以及同属第一代的 300、400 和 500 型，到 1993 年研发、1997 年交付的"新一代"（NG）中的 600、700、800 和 900 型，直至进入 21 世纪后的最新款 737MAX（包含 737MAX－8/9/10 等衍生型），其研发历时已超过五十年，而且可能还将持续更长的一段时间。截至 2019 年 12 月，波音 737 各类机型订单总数超过 15 000 架，交付总量超过 10 000 架，是目前最成功的商用飞机产品系列，波音公司负责波音 737 系列的项目群办公室（program office）一直存在至今①。类似地，欧洲的空中客车公司按照单通道窄体飞机（A320 系列），双通道宽体客机（A330、A350 系列），超大型客机（A380），支线飞机（A220 系列），分类管理旗下的商用飞机系列（family），每一系列飞机几乎都有多种发展型号，也通过统一的项目群办公室统筹协调，针对目标市场，实现其既定目标。

中国商用飞机制造领域的发展相比成熟的行业先驱者们略显迟缓，尤其是长期以来以仿制为先的型号发展战略，使得"解决有没有、掌握关键技术"成为型号研制中的主旋律。据不完全统计，仅截至 20 世纪末，中国就研制、生产了多达 27 种、60 个军机型号[3]，很多型号已形成系列化。但是相对而言，其系列化研制是基于比较松散的，甚至是被动的战略，轰–6 飞机改型就是一个典型的例子。因此，这些系列化型号虽然由统一的组织管理，但尚不完全构成真正意义上的项目群。商用飞机研制的要求有所不同，以航空工业旗下的新舟（MA）系列为例，目前已有服役多年的新舟–60、改进型的新舟–600，以及已完成首飞的新舟–700。这几款型号及改型都是为了实现相对明确的市场目标而相继开发的，为此成立的中航西飞民用飞机有限责任公司也成了这一项目群的法定管理机构，用于统筹航空工业西飞集团内的民用飞机研发、生产、试验试飞、运行支持等资源，开始比较正规地步入项目群的管理模式。

### 1.1.3　什么是项目组合

仍旧引用 PMBoK 的定义，项目组合（英文为 portfolio）是"为实现战略目标而把项目、项目集、子项目组合和运营工作组合在一起进行管理"[4]。也就是说项目组合是层级更高，包含项目和项目群的一种组合形式。这个定义里同样包含着三层意思：第一，项目组合的存在基于企业的战略性目标（注意是整体的战略目标，而不仅仅是产品战略），达成这些目标是企业生存和发展的基础，而项

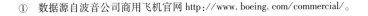

① 数据源自波音公司商用飞机官网 http://www.boeing.com/commercial/。

目组合及其管理是企业实现这些战略目标的一种手段。第二，由于项目组合包含项目及项目群，同样也继承了两者的特点，因此项目组合也有周期性，它的生命周期依托于企业阶段性战略目标演化并调整，也就是说，对于特定的项目组合，当作为其基础的企业战略目标实现或者被调整时，其生命周期到达末期。第三，项目组合的出现和存在是企业在有限的资源约束之下做出的有意识或无意识的管理策略，虽然很多时候很多企业的管理者并不一定会主动策划项目组合，甚至了解项目组合的官方定义，但是其实际做法往往反映了朴素的项目组合理念和原则。最有效的项目组合及管理能发挥企业固有资源的最大效能。由于项目组合将运营工作也纳入其中，因此在规模较小、产品及经营模式比较单一的企业，项目组合管理几乎就可以等同于企业的经营管理了。因为本书关注的是单一项目的风险和机遇管理，所以从本书的角度出发，对于项目组合的了解有这些就够了。

### 1.1.4 项目、项目群和项目组合的关系

综上所述，项目、项目群以及项目组合均是企业为实现其战略目标而具体落地的手段，是企业经营活动的重要组成部分。特别是对于商用飞机制造商这样的高科技制造型企业，这三种手段几乎是不可或缺的。随着其范围逐步扩大，其管理的层级也逐步上升，最终到达企业管理层。当然，根据重要性和所需调配资源力度的不同，单一项目也可以由企业领导层直接负责管理。例如，中国 16 项国家重大专项中的"大飞机专项"的总指挥一般会由国家任命的项目承担企业的最高领导担任。

图 1-1 展示了在企业内，项目与项目群的关系。很显然，项目群的存在取决于企业的产品战略目标，每一个目标可以对应一个项目群。每一个项目群由若干个项目组成，每个项目会产生不同程度的效益（或收益）①，而项目群关注的是其内部所有项目效益的叠加值（也可认为是项目群的盈亏）。尽管无法保证项

---

① 请注意，项目效益不一定是正值，也可能是负值。事实上，多项研究表明，绝大部分项目是失败或未完全达成项目目标的，项目亏损并不罕见。从某种意义上讲，项目失败是正常现象，并且在一定程度上应该被允许。

目群内每一个项目都能取得正向的效益并完全达成项目目标，但只要整个项目群的总效益达标，公司的相关产品战略仍然能够实现。项目群的另一个重要功能是对接客户①，项目群向客户提供一组产品（来自群内的各个项目），以满足他们的所有需求。因此，相比于单一项目对自身项目目标（性能、成本和进度）的关注，项目群主要关注的是效益和客户满意度。其效益的指标来自公司的产品战略目标，而成熟的客户满意度管理以及较高的客户满意度水平是保证项目群目标能够达成的必要条件。《商用飞机项目——复杂高端产品的研发管理》[5] 一书开宗明义地将项目和项目群在本行业内的区别进行了澄清。该书作者认为，虽然商用飞机研发每一个小项目（project）仍可能花费数十亿美元的成本费用，但是通常所说的飞机研发项目仅仅指的是飞机研制阶段的活动，而所谓的飞机项目群②涵盖了整个飞机的全生命周期，横跨多年，包含研究、研制、生产等多个阶段，这和本书所推荐的商用飞机项目及项目群的基本定义是吻合的。

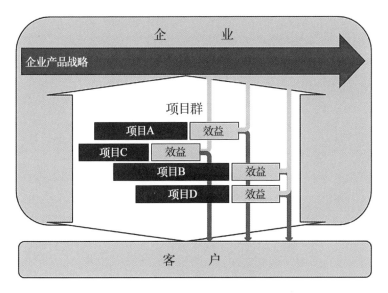

图1-1 项目与项目群的关系

①  可以是同一个客户，但是从更广泛的意义上而言，是同一性质的一类或一群客户。
②  略显遗憾的是，中译版中将"program"翻译为"计划"，在目前的国内航空业工作语境中非常容易引起混淆，这也是佐证笔者在本书开篇时强调的统一术语重要性的一个小例子。

下面举一个商用飞机制造领域的可能案例加以进一步说明。为满足"国内城市间点到点"这个细分市场的运输需求，飞机制造商制定了在某一时间段内达到某百分比市场占有率的企业战略目标，经前期论证，采用单通道干线喷气式客机系列的产品战略，建立了单通道干线喷气式客机项目群，进行产品开发。该项目群的主要目标是实现既定的市场占有率，为企业取得既定或更多的效益，其客户主要来自运营城市间点对点运输业务的航空公司。由于作为客户的航空公司在城市间运输业务中不但需要载人也需要运货，不仅要在经济发达的一线城市，还要在经济快速发展的二三线城市运营，同时，客户中有大型的全球性企业，也有刚起步的地方性企业或者廉价航空公司，使用同一款机型（来自单一项目的产品）自然无法满足所有客户的需求，因此必须开发出客机、客货机、纯货机，适合平原地区大载客量的加长型、适合高原地区但载客量偏小的高原型、可以飞往邻国或偏远地区的增程型等不同的机型，每一种新机型均来自同一项目群内的一个项目。很有可能在某一个时间点，某一款机型项目（假设是高原型）的效益是负值，但是为了提前抢占市场，项目群可以策略性地利用其他盈利富余的项目（假设是基本型和客货混合型）取得的效益对该项目进行补贴。为了发挥这样的作用，项目群所管理的跨度就不仅仅是简单完成其下的各个项目，还包括每个项目产生的具体产品的全生命周期，因为项目群可以决定何时开始新机型研发、每种机型的产能投入和分配、如何因应市场的变化调整产品产能等，以维持其效益目标的达成。

项目组合则更为错综复杂，组合内的关系也更为多样。图1-2展示了典型的项目组合的构成。从图中可以看出，项目组合中可以包含子项目组合、项目群、项目以及运营活动。还是以商用飞机制造领域为例，项目组合可能是飞机制造商的几种研发、生产特点相近的系列飞机产品及相关运营活动的组合，既可以将单通道、双通道干线飞机组合在一起形成一个项目组合，也可以将所有公务机系列组合在一起形成一个项目组合。无论如何组合，其目的都是最大限度地提高企业资源的使用效益，在有限的资源条件下创造最大的价值。按照PMI的理论，项目组合关注的焦点是"价值"，包括有形的价值和无形的价值。有形的价值包括项目组合取得的货币资产、市场份额、所有利益攸关方的满意度等；而无形的价值指向企业的声誉、品牌的认可度、相关专利及商标，以及社会价值和公共利益。对中国商用飞机制造领域的领头者而言，这里的社会价值之一就是带动国内民用航空产业链的发展，让国家摆脱关键技术和产品受制于人的窘迫局面，尽早实现质的飞跃。回顾前文提及的，项目群关注的焦点是盈亏，盈亏包含企业或上级项目组合对项目群所规定的效益和客户满意度；而项目关注的焦点是"质量、进度、成本"等比较狭义的项目目标。需要特别指出的是，项目组合及项目群不是不关注质量、进度、成本，这些是项目实施过程中应首先满足的目标，但是在满足这些基础目标后，需要在更高的层级进行统筹和权衡，达到全局最优。诚所谓"不因一叶而障目"，才能行驶到理想的彼岸，这也是项目管理中系统工程理念的体现。值得一提的是，在特定的企业组织内，项目、项目群和项目组合等形式的出现、存在和发展不可能如同上述理论阐述得那般泾渭分明——根据企业组织的特点和经验积累，往往在同一个时期，会看到不同形态的项目管理手段和组织形式同时存在、交织发展。

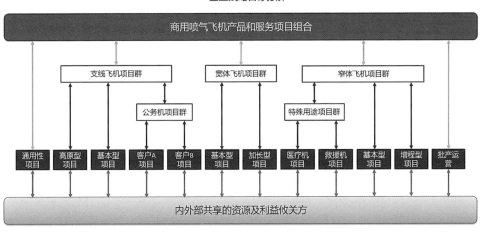

图 1-2　商用飞机领域项目组合的构成

为了更好地理解项目、项目群和项目组合之间的关系，表 1-2 从管理这 3 种不同对象的角度出发，按照 11 个维度进行了比较。该表参考了 PMI 的经典理论以及《项目群管理理论与实践——北斗导航卫星系统项目群管理最佳实践》[6]一书中论述的内容，但是针对中国商用飞机制造领域的特点进行了修订，所以读者在运用时需要关注其适用性。

表1-2 项目、项目群和项目组合的异同点

| 比较维度 | 项 目 | 项 目 群 | 项 目 组 合 |
|---|---|---|---|
| 定义 | 为创造特定的产品和服务而进行的临时性工作 | 一组相互关联且需协调管理的项目、子项目及其活动 | 为实现战略目标而组合在一起的项目、项目群、子项目组合和运营工作 |
| 范围 | 基于确定的目标，在整个项目生命周期中渐进明细 | 其内部所有项目、子项目及其活动的集合 | 其内部所有项目、项目群、子项目组合和运营工作的集合，但随着企业战略目标的变化而变化 |
| 变更 | 主要来自既定目标和实施过程对目标的影响，相关调整通常是被动的 | 主要来自内部相关项目的实际产出对收益的总体影响，为保证收益而做出的主动或被动的调整 | 主要来自内部或者外部环境变化造成的影响，战略目标的变更有主动的也有被动的 |
| 策划 | 基于项目风险和机遇，渐进明细地制订实施策略，并将其转化为详细的实施计划 | 基于预期收益及内部项目和活动的依存关系，分配并跟踪重点目标，按需调整 | 基于企业战略目标，制订组合的重点目标，关注组合内外的决策过程和沟通 |
| 管理形式 | 项目经理直接管理所有项目管理要素 | 项目群经理管理项目群收益，并将最终收益分解到其下各项目和子项目中 | 项目组合经理建立并维护项目组合实现过程及顺畅的沟通，根据战略目标，及时调整和分配项目群收益目标和项目目标 |
| 监控 | 主体为项目经理，对象是中间产物和最终交付物 | 主体为项目群经理，对象是整体计划和项目群收益、客户满意度 | 主体为项目组合经理，对象是战略目标变更对组合的影响、项目组合绩效 |
| 成功标志 | 满足实现既定的项目质量、进度和成本目标 | 达到预期收益和客户满意度，以及收益的费效比 | 达到预期的投资回报率，实现企业战略目标 |
| 组织形式 | 独立但临时的项目团队，从事本行业可能长达十年或十年以上 | 独立但半永久的项目群组织，从事本行业可能长达数十年 | 以永久性的职能机构为基础，辅以灵活的项目组织 |

（续表）

| 比较维度 | 项　　目 | 项　目　群 | 项　目　组　合 |
|---|---|---|---|
| 活动环境 | 开放式，充满不确定性，变化非常动态化、有时缺乏可预测性、周期相对较短 | 半开放式，稳定程度取决于产品成熟度和市场占有量，变化可预测性较强、周期相对较长 | 半开放式，比较稳定，随企业战略动态变化 |
| 约束条件 | 人、财、物方面的资源均事先分配并有限，调整审批路径长 | 人、财、物方面的资源事先有原则地分配，但可在项目群内共享 | 人、财、物方面的资源共享范围可以为整个企业，甚至行业 |
| 实施要求 | 均依赖于适当的策划、合理的实施以及闭环的控制 | | |

## 1.2　风险和机遇

风险（risk）和机遇（opportunity）是一对"孪生兄弟"，它们都是对未来不确定性的一种反映，一个偏向负面，另一个则偏向正面。有意思的是，风险的概念以及相关的理论、应对风险的研究和实践由来已久，但是对机遇的研究和利用却相对较晚。下面我们就针对这对"孪生兄弟"的来源、概念、现状和在商用飞机研发项目中的内涵展开讨论。

### 1.2.1　什么是风险

关于"风险"一词的由来，在中文语境中较为有趣的一种说法是这样的：远古时期，以出海捕捞为生的渔民们，每次出海前都要祈祷，祈祷的主要内容就是让神灵保佑自己在出海期间能够风平浪静，且能满载而归。他们在长期的捕捞实践中，深深体会到"风"给他们带来的无法预测且无法确定的危险，从而认识到，在出海捕捞的生活中，"风"即意味着"险"，因此便有了"风险"这一词。而国际上流传着另一种说法：英文中的"风险"一词"risk"来源于古意大利语的"riscare"，其在早期的使用中被理解为客观的危险，体现为自然现象或者航海遇到礁石、风暴等自然事件，这和中国传说中风险的定义不谋而合。大约到了 19 世纪，英文中的"风险"一词还会用到法语"risque"的拼写，但已经主要是用于与保险有关的事情了。当然，现代意义上的"风险"一词，已经大大超越了"遇到危险"的狭义含义。经历了成百上千年的演绎，"风险"一词随着人类活动的日益复杂而逐步深化，并被赋予了从哲学到经济学、社会学、统计学甚至文化艺术领域的更广泛、更深层次的含义，成为人们生活中出现频率很高的词汇，而且与人类生活中的决策活动及其行为后果的联系越来越紧密。

在较为广泛的领域内，通常将风险的基本核心定义为"对未来结果的不确定性或损失"[①]。如果采取适当的措施使风险事件发生的概率为零，即风险不再出现，或者说通过智慧的认知、理性的判断，继而采取及时而有效的防范措施，那么风险的成因可能会转化为机会。由此进一步延伸，在一些特定情形下，风险和机会是共存的，一旦风险被规避（不管是因为应对措施得当还是纯粹的概率事件或碰运气），还会带来一定比例的收益，有时风险越大，机会也越大，回报就越高。

风险具有客观性和普遍性。风险是一种不以人的意志为转移，独立于人的意识之外的客观存在。因为无论是自然界的物质运动，还是社会发展的规律，都由事物的内部因素所决定，由超过人们主观意识存在的客观规律所决定。不管人们是否意识到了风险，只要决定风险的各种因素出现，风险事件就会发生，它是不以人的主观意志为转移的，是客观存在的。风险的客观性要求人们应充分认识风险、承认风险，采取相应的应对措施，以尽可能降低风险事件发生的概率，甚至化解风险。同时，风险的存在又是普遍的，几乎不存在没有风险的活动和事物发展状态。古人云，"天有不测风云，人有旦夕祸福"，这正是对自然界普遍存在的风险的真实写照；用现代科学语言描述，也许可以表达为"各类活动或事物中存在特定风险的概率在 0%～100% 之间，但是风险这一现象的存在概率为 100%"。

---

① Rosenb J. S. 在 *A Case Study in Risk Management* 一书中将风险定义为"损失的不确定性"；Crane F. G. 在 *Insurance Principles and Practices* 一书中认为"风险意味着未来损失的不确定性"。

风险具有不确定性和破坏性。风险的产生往往给人以一种隐隐的担忧，好像突然就会发生。当人们面临"突然"发生的风险事件时，往往不知所措，其结果是加剧了风险的破坏性。风险的这一特点，要求我们要加强对风险的识别和防范研究，建立风险预警系统和防范机制。从总体上看，有些事件是必然要发生的，但何时发生却是不确定的，因此会影响特定事件发生前其他活动的正常开展。例如，生老病死是所有地球生物发展的自然规律，虽然人的死亡这一事件是必然会发生的，但是具体何时发生却是不确定的。随着年龄的增长，当这种事件发生的概率越来越高时，往往会不同程度地左右一个人的正常判断和进行决策时的逻辑思维，从而对相同的事物得出与其在年轻、健康时所得出的不一样的结论，采取不一样的行动。

风险具有多变性和多样性。风险会受到各种因素的影响，在风险性质、发生概率和严重程度等方面呈现动态变化的特征。例如，项目的市场和客户需求是一个动态变化的过程，风险的性质和程度也会随之改变，而且一个项目中也存在着许多不同种类的风险，如政治风险、市场风险、技术风险、管理风险等，这些风险之间存在着错综复杂的内在联系，它们相互影响，交互作用。因此，必须对项目风险进行综合考虑和动态管控。

## 1.2.2 什么是机遇

"机遇"一词在《辞海》中被解释为"意外的、偶遇的良机，通常指有利于社会发展、工作开展和科学发现的机会、时机"。"机不可失，时不再来"是大家耳熟能详的成语，这里提到的"机"更多指的是机会。在英文里机会用"chance"来表达，更多地偏向其事件发生的不确定性和不以人的意志为转移的特点；而机遇则是"opportunity"，表示结果利好的机会。法国科学家庞加莱在1908年出版的《科学与方法》一书中做了相当干脆的表述："被我们忽略了的非常微小的原因决定着我们不能忽略的客观的结果，而事后我们说这个结果归因于机遇。"首都经济贸易大学的黄津孚教授所著的《机遇管理导论》[7]一书中定义道："从社会科学和管理科学的角度看，所谓机遇，就是有利于社会主体实现某个（些）目标的但却是不稳定的形式，常常表现为对于某个（些）社会主体实现目标有显著意义而易于消失的'事件'。"

机遇与风险在很多方面都具有相似的特征，很多时候对于身边发生的一次"事件"，大家会认为存在机遇，同样也存在很大风险。机遇同样具有客观性和普遍性。无论过去还是未来，机遇普遍存在于各种活动中，任何人都有机会在各个领域发现机遇，不管活动如何发生，机遇都是客观存在的，往往更需要的是发现机遇的敏锐眼光。一般情况下，对事件研究得越深刻，越容易发现机遇，机遇大多青睐有准备的人和组织。

机遇具有不确定性和偶然性。机遇的产生与外界环境有着密切的联系，环境的不断变化决定了机遇的产生存在很大的偶然性。在商业活动中，现在流行的一种说法叫作"风口"，所谓只要站在风口，即使是猪也会飞起来。这里提到的风口，其实就是机遇，但是一旦投资环境发生变化，这样的机遇便不再出现，而没有赶上趟的"猪儿们"就只能想象失去的美丽和哀叹现实的残酷了。

机遇也具有多变性和时效性。机遇存在于一定的时间和空间范围内，随着时间和空间的变化，机遇会随之消失，不复存在。人们口中常说的"机遇稍纵即逝"及"机不可失，时不再来"等，就是对机遇的多变性和时效性的表述，因此商业活动中需要重视对机遇的系统化管理。

当然，机遇与风险也有很多差异性特征，最为显而易见的是风险具有破坏性，而机遇能够产生有利的影响。此外，还有个更不易被察觉或发现的差异性特征——风险一定是存在的，但机遇不一定存在。也就是说，事情一定会往坏的方向发展，但不一定会往好的方向发展。并且机遇具有开发性，很多机遇不是显而易见的，需要深入挖掘和开发，也可以充分利用各种相关条件，开发潜在的机遇，使潜在的机遇变成实际的经济效益。

因为机遇和风险是两个关系密切的概念，而且常常相伴出现，又同属对组织和个人发展有很大影响的、带有一定偶然性的客观因素，所以机遇和风险的关系常会被误解。首先，如前所述，风险的存在是必然的，而机遇并不一定始终存在；其次，高风险虽然也可以带来高收益，但是这种收益并不是机遇，它只是承担了高风险的代价之后得到的固有回报，是对小概率事件的一种博弈，通常难以系统化地进行复制；最后，机遇是需要有心人通过适当的手段、改变环境及条件去发掘的，是可以创造出来的。挖掘并利用好机遇，是有效地降低风险，最终控制风险事件发生的有利途径。

### 1.2.3 什么是项目的风险和机遇

前述的风险和机遇的定义和概念更多地着眼于日常生活和普通场景，并不是真正意义上适合项目，尤其是商用飞机研发这类项目的风险和机遇的定义和解释。本节我们先针对实施项目的主体，也就是现代企业或类似的组织机构，探讨如何定义风险和机遇。

随着现代哲学、系统科学、复杂性科学的发展，人们逐步认识到企业作为复杂系统的本质和成长演化的非线性特点，从管理学的角度对项目风险和机遇进行定义，并形成了相关的管理理论。比如国际标准化组织的质量管理体系标准 ISO 9001：2015[①] 强调基于风险考量的有效管理，明确定义风险就是不确定性对预期结果的影响，而机遇是能给予正向影响的风险。风险和机遇理念被认为是 ISO 9001：2015 的核心，直接将质量管理各项标准要求进行了有效串联[8]。如果组织在识别风险和机遇方面的工作做得不够，质量管理体系将无法有效运行。由于项目活动是组织落实其战略目标的常用途径和手段，对项目的管理是企业质量管理体系中不可或缺的一环，因此 ISO 9001：2015 对于风险和机遇的定义和管理要求同样适用于实施该质量体系标准的企业内部的各类项目，尤其是直接作用于企业战略目标实现的项目，例如研发可以满足特定市场需求的产品，并为企业获取一定的经济效益。现代项目管理的权威理念之一的《项目管理知识体系指南》（PMBoK 指南）第六版，将（单个）项目风险定义为"一旦发生，会对一个或多个项目目标产生正面或负面影响的不确定事件或条件"[1]。很显然，相较于之

---

① 参见 https：//asq.org/quality-resources/iso-9001。

前的版本，该版将"项目风险"分解为正面的"机会"和负面的"威胁"，并加以共同管理。这个定义与 ISO 9001：2015 以及航空业标准 AS 9100D 都是趋于一致的。

项目作为集经济、技术、管理、组织各方面要素在内的综合性企业行为，在几乎每个方面都存在着不确定性。这些事先不能确定的内部和外部的干扰因素被人们称为"风险"。风险是项目系统中的不可靠因素，会造成工程项目实施失控，如工期延长、成本增加、计划修改等，最终导致工程经济效益降低，甚至工程失败。而且现代工程项目的特点是规模大、技术新颖、持续时间长、参加单位多、与环境接口复杂，可以说在项目实施过程中"危机四伏"。许多领域由于其项目风险大，因而危害性也大，例如国际工程承包、国际投资和合作，所以被人们称为"风险型事业"。在我国的许多项目中，由风险造成的损失是触目惊心的。据报道①，中国中铁旗下公司投标波兰公路，在投标前对本工程的勘察设计、招标文件均没有进行非常细致的审查，导致后续项目因为原材料价格上涨，环保要求严格等因素未能按期完成，整个项目预计亏损 3.95 亿美元（约合人民币 25.45 亿元）。类似的例子数不胜数，所以说项目风险是对管理者的挑战。好的项目风险控制能力和水平能确保企业成功实现项目目标，取得非常好的经济效果，同时有助于企业竞争能力以及企业管理素质和水平的提高。在现代项目管理中，风险的控制问题已成为研究的热点之一。

接下来，我们聚焦本书的主要对象——中国商用飞机制造领域产品研发项目的风险和机遇，提出比较适合这个特定领域以及项目实施组织的人文环境的概念定义。首先是对"商用飞机型号研发项目风险"的定义。这类项目的生命周期通常从项目立项②算起，到取得民航监管机构对该型号的生产许可，并向首家用

---

① 引自 2017 年 6 月 7 日发行的《首都建设报》刊登的《"一带一路"项目风险防范案例分析》一文。

② 在商用飞机领域，立项一般是一种企业内部的商业行为，由公司董事会直接或授权批准。不过，基于中国国情以及国家将大飞机作为国家重大客机发展专项的战略，在可预见的未来，相关项目的立项必然会涉及国家和相关部委层面的决策，因此这里所谓的"立项时间节点"需要有明确的界定和描述，笔者建议不妨从正式确定成立相关项目管理团队时算起，以保证项目的正常策划。

户交付产品①为止。基于上述项目的定义，从项目管理的视角出发，我们将"项目风险"定义为"通过主要风险源辨识出来的，在规定的技术、成本和进度等约束条件下，可能会对商用飞机型号研发项目目标产生不利影响的事件和情形"。上述项目风险定义中的风险源可能来自产业安全风险、计划管理风险、现金流风险、预算管理风险、产品质量风险、人力资源风险、供应链管理风险、客户风险、市场供求风险、合同风险、政策风险或这些风险的组合。这个定义继承了常规风险概念中的不确定性（发生与否的不确定、影响后果的不确定、因应措施的不确定等），以及结果负面性的特点，同时明确项目风险是一类"事件"和"状态"，其来源范围符合飞机这种复杂产品的特征（详见第2章），并且受到项目要素的约束。类似地，这类项目的机遇定义和风险定义非常接近，但是从风险后果的不利性变成了机遇的有利性。我们将"商用飞机项目机遇"定义为"通过主要机遇来源辨识出来的，可能会对商用飞机型号研发项目目标产生有利影响的事件和情形，从而缓解项目在技术、成本和进度等方面的约束，或者使得项目在同等约束条件下取得超越项目目标的结果"，而机遇来源同风险来源的渠道类似。值得注意的是，在这类项目中，风险和机遇在大多数情况下是可以相互转换的，"事实上，风险降低的一种途径是兑现机会"[5]。我们日常所说的"危机"一词也表达了这样的含义，所以项目管理中对于风险和机遇应该给予同样的关注，运用类似的手段进行管控，最大限度地降低风险，并将机遇转化为收益。这也是本书坚持将机遇管理列入标题的重要原因之一。

## 1.3 项目风险和机遇管理

了解了项目，特别是商用飞机制造领域的项目以及明白了所谓的风险和机遇

---

① 国际上通行的商用飞机项目截止时间节点是所谓的 EIS，即 enter into service。中国航空工业行业标准 HB 8525—2017 的叫法是"投入运营"，一般是指一个新型号飞机在取得监管机构颁发的型号适航许可证之后，交付首架飞机，并由首家用户投入商业运行的时间点。由于中国国产商用飞机仍然处于成长期，各方面的保障体系尚在不断完善之中，需要通过多个型号项目的研制工作加以推动、扶持和迭代，所以一方面，将生产许可证（对于全新的飞机型号）以及生产许可证加注（对于已取得生产许可的体系增加新型号产品的生产）的相关工作纳入项目范畴；另一方面，没有强制性地将 EIS 作为终点，以避免在运营体系和用户磨合方面的潜在问题影响项目的结束工作。

又是怎么一回事之后，可以进一步描述中国商用飞机制造领域飞机型号研发项目的风险和机遇管理的概念。如本章开篇时所提，由于语言文字本身的多义性，建立在同一语境下的概念和理论的讨论和研究才有意义以及实用价值。所以本节所探讨和定义的项目风险和机遇管理明确界定了本书的关注和讨论对象，即仅限于中国商用飞机制造领域内的飞机型号研发过程中的项目；其他领域，其他产品，其他类型的项目、项目群和项目组合等可以参考借鉴，但是不建议直接移植使用。

### 1.3.1　定义

首先直接从字面上解读，项目风险和机遇管理就是针对项目风险和项目机遇的管理工作。这种管理不是独立于项目管理的，而是项目管理不可或缺的一部分。回顾一下表1-2中关于项目的描述：项目策划是基于项目风险和机遇，渐进明细地制订实施策略，并转化为详细的实施计划。换另一种更简单、直接的说法便是"项目风险和机遇管理工作就是管理风险和机遇，并通过对两者的动态管控，最终达成项目目标的一系列活动组合"。合理、高效的项目风险和机遇管理可为项目建立起一套早期告警系统（通过风险识别）和额外激励系统（通过机遇识别），通过与项目的"质量、成本和进度"约束三角的耦合，完成项目的动态管控，实现最佳的项目全生命周期价值。接下来的两节我们着重分析一下项目风险和机遇管理的具体对象、范围和内容，以进一步明确在商用飞机研发项目中，风险和机遇管理究竟要管什么，至于怎么管的部分则在第6章全面展开。

### 1.3.2　管理的对象

项目的风险和机遇管理的管理对象是项目。虽然看上去是显而易见的事情，但是项目往往和产品分不开。在商用飞机研发项目中，满足客户的各种运营要求、能够适航的飞机是其最大也是最为明显（受人瞩目，容易成为各种关注的焦点）的交付物，对飞机这一产品的关注通常也是最多的，非常有可能被误认为商用飞机研发项目的风险和机遇管理的对象只是飞机。事实上，这种误解并不少见。一方面，围绕飞机产品这一主要交付物，其本身的技术、制造、集成、供应链等复杂程度是项目风险的主要来源，每一款新飞机的技术挑战程度都是相当高的。对于研发项目团队而言，应对飞机本身带来的风险和把握相关机遇实属不易。在缺乏完善的体系、高效的工具和充足的经验的前提下，只关注飞机而忽视项目中其他风险源的情形也就不足为奇了。另一方面，尤其对有着苏联军工产品研发模式痕迹的中国飞机制造业而言，型号项目的目标通常很单一，就是造出产品。作为最终用户的军方在提出型号目标时，关注的核心是型号的技术性能、技术先进性、战场生存能力等对商用飞机来讲并非最优先考虑的目标，所以比较年长的一代商用飞机项目研发人员很自然地对飞机产品之外的风险和机遇来源不是很熟悉，也没有有效的流程和工具帮助其识别。有了上述两方面的原因，搞错管理对象、不能找准发力点也就情有可原了。所以说，本节专门指出项目风险和机遇管理的对象是项目，其目的就是希望相关从业人员在实施管理行为时，时刻牢记这一初心，将项目作为一个整体看待，围绕项目目标，合理安排资源、运用工具和历史数据、识别项目风险、捕获项目机遇，使得风险和机遇管理这一项目管理工具发挥应有的效用。在下一节，我们将就项目风险和机遇管理的具体范围和内容展开论述，以加强读者的认识。

### 1.3.3 管理的范围和内容

了解了项目风险和机遇管理的对象是项目本身之后，界定其管理的范围和内容就明确多了。简单直接的方法就是项目所涉及的范围即风险和机遇管理的范围。项目的范围包括什么？同样参照表1-2的表述，项目的范围取决于项目的目标，并且随着项目的推进而渐进明细。所以说，项目的风险和机遇管理的范围首先不应超越项目的目标所界定的范围，风险的识别和机遇的捕获均应直接服务于项目，而不是其他。举例而言，对于中国商飞公司来说，带动国内航空制造业以及民用航空产业链是一种应尽的义务，是公司成立的初心之一，也是公司发展的战略方向之一。中国商飞公司通过各种商用飞机型号产品的研发以及其他经营活动来实现上述战略目标，是一项公司层面和级别的策略和任务。而对于单一型

19

号项目而言，其项目目标可能会包含一部分实现带动国内航空产业链发展的分解性任务，但是一来不能指望通过单一项目完成公司级的战略目标，二来单一项目也不一定有能力或空间（源于型号项目自身的研发进度和技术应用）全面实现上述战略。不过，在具体实施中，国内民用航空制造业以国有企业为主的共同特点（将在第5章进行专题解读）却时常为人所忽略，从而不切实际地期待将型号项目的风险管理一直扩大到企业经营和职能管理范畴，造成项目实施过程中的所谓"范围蔓延（scope creep）"问题，影响项目的实施效果。试想一下，在许多国产商用飞机系统和设备量产技术尚未成熟的今日，国产大型飞机项目中，通常会列入诸如"国产××系统作为选装项"之类的没有约束力的期望目标（target），而不是带有时间节点和特殊性能要求的考核目标（requirement）。因此，与国内系统和设备厂商相关的技术、进度风险一般不会被纳入国产商用飞机研发项目的风险源加以重点关注。同样道理，国产飞机项目国产化率的目标也不会强制项目使用特定的国产系统、设备和原材料，而是通过对技术要求的明确、设定某些政策倾斜和合同条款导向，使国内供应商能够提供具备一定竞争力的产品，并且为项目所接受。然而，我们在日常项目风险管理活动中经常会看到诸如"国内供应商能力和经验远远不足，导致关键设备交付节点风险"等类似描述，这不但轻易掩盖了真正的项目风险，比如项目团队对供应商资质能力认定的漏洞，或者主制造商产品规范定义和评判标准过于宽泛、沟通不利等可能原因，而且会将关注的焦点延伸到供应商能力培养上去，过度分配宝贵的项目资源去解决原本应由供应商自身主导解决的问题，这就是所谓的项目风险管理范围扩大化带来的不良后果。

既然项目目标是渐进明细的，那么风险和机遇管理的范围也只可能是渐进明细的。其结果是必须要保持风险和机遇管理的动态性和追随性，既不造成风险一旦识别、机遇一旦捕获就故步自封，闭门造车，只围绕着这些已识别的风险和机遇进行静态管理，也不应导致风险和机遇管理与项目其他要素管理变成"两张皮"——你管你的项目进度，我管我的风险机遇，结果不但不能为项目带来增值效果，还往往因为重复劳动、多头汇报而浪费项目资源。没有实效的风险和机遇管理经常是被国内商用飞机制造行业质疑、怀疑甚至诟病的主要对象，不是项目团队不愿意使用这一工具，而是实施的过程和结果无法达到他们的预期。

所以说，笔者强调项目风险和机遇管理的对象、范围和内容不是故弄玄虚，更不是凑字数，而是有其背后的道理以及现实意义的。类似于通过工作分解结构（WBS）等工具，能够有效地管控项目范围，从而使得项目的资源能被切实应用到与项目直接相关的工作任务上，明确项目风险和机遇的对象、范围和内容是保证项目能够有效实施风险和机遇管理的第一步。

### 1.3.4 风险和机遇管理与问题管理的区别及关系

了解了项目风险和机遇管理的定义、对象、范围及内容之后，接下来讲在项目实施过程中另一个常见的、不容易分清的概念——问题管理。说不容易分清，其实并不尽然，因为从定义上讲，风险和问题的区别是很明显的：风险是未发生且不确定是否会发生的不利事件和影响，而问题是已经发生或者在"可预知的有限未来"① 必定发生的不利事件和影响。笔者认为一种浅显易懂的区分方式来自阿尔特菲尔德博士的《商用飞机项目——复杂高端产品的研发管理》[5] 一书，图 1-3 即为引自该书的示例。根据定义得出确定的结论在大多数情况下并不难，即使是像商用飞机这种复杂产品的研发项目，仅仅围绕项目的直接目标和交付物，识别其影响和后果，不会需要用上微积分和量子力学，但为什么经常会发生识别出来的风险项其实就只是问题呢？抛开经验的积累和工具的使用等客观因素，笔者认为深层次的固有工作模式和思维惯性是出现风险、问题混淆不清的重要原因。首先，早期型号项目工作其实是任务和问题牵引，出现一个问题，解决一个问题，偏向于采取集中攻关的方式完成项目，基于全盘策划、正向设计、早

---

① 之所以加上"可预知的有限未来"这一时间限定，初衷有两个：一是表明问题的必然性是已知的，比如说某机型计划次日首飞，而发动机头一天还未安装，无法按时首飞肯定是会发生的，不能因为今天没发生，而自欺欺人地说首飞延误只是风险，等到了明天才来处理成为既成事实的问题；二是表明将要发生的时间点不是可以无限延长却不受控的，而应在项目本身进度节点的约束下进行评判，比方说任何应用技术总有落后的那一天，不能将现在飞机上某项关键技术有可能在二十年后失去竞争力这个事件定位成风险，从而盲目自卑，也不能说因为某局部市场三十年后的繁荣程度能够超越其他国家市场，自身项目就有着巨大优势和利好，从而盲目乐观。需要指出的是，上述的例子确实比较极端，但类似情形和略显荒诞的结论在各种项目活动中不是没有发生过的。

期预防的风险和机遇管理手段和工具尚未被推广和应用。所谓的型号项目管理其实是问题管理，型号项目例会就是讨论问题和决策问题解决方案。

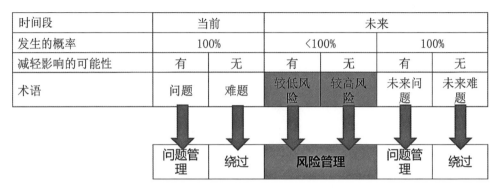

| 时间段 | 当前 | | 未来 | | | |
|---|---|---|---|---|---|---|
| 发生的概率 | 100% | | <100% | | 100% | |
| 减轻影响的可能性 | 有 | 无 | 有 | 无 | 有 | 无 |
| 术语 | 问题 | 难题 | 较低风险 | 较高风险 | 未来问题 | 未来难题 |
| | 问题管理 | 绕过 | 风险管理 | | 问题管理 | 绕过 |

图1-3　问题、风险以及问题管理和风险管理的区别和联系[5]

再回到本节的主题，要了解风险和机遇管理与问题管理的区别，首要工作是严格按照两者的定义进行识别，并且按需运用适合的流程、工具和方法，明确应对处理机制和决策过程中的差异，让相关管理过程发挥最大效益。商用飞机项目风险和机遇管理（特别是风险管理）的工具方法及其应用将在第6章和第7章详细介绍，届时读者自然会体会到这些工具方法与问题管理的不同之处。在结束本节之前还有一点需要指出的是，风险、机遇、问题之间在特定条件下是会互相转化的。错过了机遇，可能会增加风险发生的概率；成功地应对了风险，也可能创造出新的机遇。若风险未能及时应对，一旦发生就是问题，而解决问题不得法，没有消除其根本原因，也会衍生出新的风险。所以说，为有效应对风险和机遇管理与问题管理可能互为因果的复杂关系，贯穿于项目全生命周期的动态管理是必不可少的。

## 1.4　作为纽带和桥梁的风险和机遇管理

谈到项目风险和机遇管理，就不能离开系统工程与项目管理的大背景和基本概念。系统工程的概念定义和使用场景可以参考《中国商用飞机有限责任公司系统工程手册》，本书不做大幅展开，也不赘述，这里仅引用《中国商用飞机有限责任公司系统工程手册》（第 2 版）[9] 里对于系统工程与项目管理之间关系的论述。简而言之，系统工程是指把各种不同的功能和软硬件要素放入一个更大的系统中，以满足客户需求和要求的一个有序过程。系统工程过程通过理解利益攸关方需要，形成需求和方案架构，在方案架构的基础上进行物理实现，并对这种实现进行验证和确认，以证明其满足需要，同时保证系统在投入运行后能维持可运行能力直到退役。系统工程侧重于通过市场分析、功能和需求分析、构型管理等技术手段，精确定义系统的（功能和物理）架构，有效地整合产品研发过程中的各项技术，促进产品系统的集成。而项目管理则是通过一组结构明确且要求严格的、针对项目的管理方法，也就是项目规划控制活动，在不超过预定的时间和预算的情况下实现项目目标。项目规划控制关注如何科学地管理好一个完整的项目，从而利用有限的资源，成功地完成任务，因此侧重于项目的计划、工作分解、组织分解、项目资源的分配及成本等各要素控制。尽管侧重点不同，为了实现既定目标，系统工程和项目管理都会考虑利益攸关方需求的重要性及项目任务的范围定义，并考虑生命周期活动的管理和控制要求，力求降低项目的风险，以服务于项目成功和创造价值的最终目的。

通过上述描述我们可以了解到，风险管理在系统工程和项目管理范畴内都存在，并且是一个被倚重的工具和实施手段。这一认识也可以从其他流行的或被公认的系统工程与项目管理相关理论体系中找到共鸣，例如被航空航天业界，乃至其他很多行业所广为认可和应用的《NASA 系统工程手册》[10]。该手册在阐述系统工程与项目控制的关系时（见图 1-4），将风险管理连同规划、构型管理、数据管理、评价、决策管理等其他五项活动作为系统工程和项目控制均应关注的实施手段，用以将系统工程方法和项目控制手段联系起来，共同服务于项目管理的需要，通过系统工程引擎的牵动，完成项目实施所需的所有活动和任务，最终达成项目目标。无独有偶，另一本被视为系统工程国际标准的、由系统工程国际委员会（INCOSE）发布的《系统工程手册》（第 3 版）[11]，认为项目包含系统工程与项目规划和控制两类活动，而且我中有你、你中有我，关系密切、相辅相成，都是项目成功不可或缺的重要组成部分。如图1-5所示，在这两类活动的交织地带，主要有任务定义、风险管理和客户交互这三种活动。

图1-4  项目管理框架下的系统工程[10]

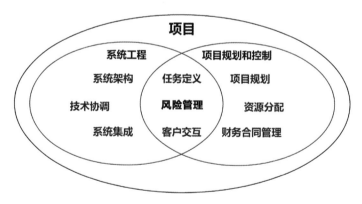

图1-5  项目管理/系统工程交集[11]

虽然INCOSE所展示的系统工程与项目规划和控制活动交集中的内容不尽相同，但是两者都无一例外地将风险管理列于其中，所以我们得出以下这么一个结论应该不存在太大的异议：项目风险管理作为一种实用的项目管理工具，是项目实施过程中沟通系统工程过程与项目规划和控制活动的主要桥梁之一。在项目中，有效的风险管理①是保障项目目标得以顺利实现的必要条件之一。

## 1.5 本章小结

本章通过集中的概念性阐述，使读者对于本书探讨的项目风险与机遇管理的范畴和对象有了一个明确的认知。俗话说，"名正则言顺"，在不同领域、不同行业、不同学科、不同应用场景甚至不同的年代，人们对于同一个词、同一个概念的理解和使用有可能差距很大，更不用说增加了词源来自外语的复杂性。比如说，单单"项目"一词的常用英文单词就有 project、program、item 等，而 program 本身除了被翻译成"项目"之外，也可以代表"程序""项目集""项目群""方案""计划""节目"等，不一而足。笔者最喜欢举例的另一个词是 configuration，因为在 IT 行业它被译成"配置"或者"设置"，在民用航空业我们称其为"构型"，而国内军工、航空航天业普遍翻译为"技术状态"。所以说，在讲述某一个概念、讨论工具方法的应用时，脱离其背景和使用场景，轻则会产生误解、歧义，影响工作效率，重则甚至会导致灾难性的后果。火星气候轨道探测器（the Mars climate orbiter）是第一款星际气象卫星，但却在 1999 年意外失联，原因是美国国家航空航天局（NASA）采用了英制单位，而一家承包商使用的却是公制单位。这枚当年造价 1.25 亿美元的探测器在尝试进入火星轨道时靠得太近，结果被火星的大气摧毁。调查结果显示，导致这次损失的"根本原因"在于一款地面软件"未能将英制单位转换成公制单位"②。因此，在本书中我们使用了一整章的篇幅来明确所探讨的内容仅限于商用飞机研发项目，风险和机遇也仅限于与这类项目相关的不确定事件以及相应的管理模式、流程、方法与工具，任何脱离本书定义范畴的内容和话题均不在列。同时我们也希望开宗明义地表示本书所提供的工具方法只是"对症下药"，而不是"包治百病"，所以对于本行业之外的项目风险和机遇管理实践，本书能提供的可能也只是有限的参考价值。

---

① 其实也完全可以在这里将机遇管理并列进来。
② 结论来自 NASA 官网 https：//www.jpl.nasa.gov/missions/mars-climate-orbiter/。

# 第2章 复杂产品研发中的风险和机遇管理

在对风险和机遇、项目的风险和机遇以及项目风险和机遇管理的发展、演变、定义、特点、内涵等方面有了大致的了解之后，本章将焦点聚集到复杂产品研发这一特定领域。先就现代管理科学中风险和机遇管理的起源做一个简单的回顾，然后利用几个复杂产品研发的应用实例，展示风险和机遇管理对于复杂产品研发的重要作用。

## 2.1 风险和机遇管理起源

### 2.1.1 风险管理的起源

风险管理是一门新兴的管理学科。18世纪，法国著名的"经营管理之父"法约尔，第一次把风险的管理列为企业管理的重要职能。最早对风险进行系统研究的则是美国学者，哥伦比亚大学的艾伦·威利特博士——他在1901年向哥伦比亚大学提交的博士论文是《风险及保险经济理论》。文中，他首次对风险进行了定义："所谓'风险'，就是关于不愿发生的事件发生的不确定性的客观体现。"威利特博士的定义被公认为"风险"这个名词正式应用于现代风险理论研究。美国也是最先开始进行风险管理理论与实践研究的国家。第一次世界大战以后，美国开始研究风险的承受、消除和转移方法，并在企业中建立有关组织机构，对风险管理进行交流和技术研究。

20世纪30年代，受到1929—1933年世界性经济危机的影响，美国约有40%的银行和企业破产，美国经济倒退了约20年。许多大中型美国企业为应对经营上的危机，都在内部设立了保险管理部门，专职负责企业的各种保险项目。可见，现代风险管理主要起源并应用于保险业，作为保险业生存的主要控制手段。1938年以后，美国其他行业开始从保险业引入风险管理，采用科学方法加强企业的风险管控，并逐步积累了丰富的经验。第二次世界大战以后，大量可开发利用的新技术、新材料和新能源使社会经济得到了长足发展，但同时也给社会带来了新的风险点。这些新风险促使风险管理开始走向科学化、规模化。风险管理正式形成规模是在20世纪60年代。1953年8月3日，美国通用汽车公司的自动变速装置失火，造成5 000万美元的巨额损失，这场灾难震动了美国的企业界和学术界，成为风险管理科学发展的契机。一方面，美国各研究机构加强了对风险管理理论的研究，学术活动十分活跃；另一方面，美国的大中型企业纷纷设立风险管理部门及风险经理岗位。到了20世纪60年代，风险管理作为一门新的管理科学，在美国正式形成。20世纪70年代以后，风险管理在世界范围内得到传播，英国、法国、德国、日本等国家先后建立起全国性和地区性的风险管理协会。1983年，在美国召开的风险和保险管理协会年会上，世界各国专家学者云集纽约，共同讨论并通过了《101条风险管理准则》，标志着风险管理进入了一个新的发展阶段。1986年10月，风险管理国际学术讨论会在新加坡召开，标志着风险管理由欧美各国逐步向亚洲发展。中国对于风险管理的研究开始于20世纪80年代，一些学者将风险管理和安全系统工程理论引入中国，在少数企业试用中收效较好，但没有系统性推广。当时，中国大部分企业缺乏对风险管理的认识，也没有建立专门的风险管理机构。随着PMP、IPMP等国际项目管理认证引入中国，项目风险管理逐步被国内企业所接受。

近十几年来，管理专家们在项目管理中提出了"全面风险管理"的概念。他们认为，风险管理是一个动态的过程，应运用系统的方法对风险进行控制，以减少工程项目实施过程中的不确定性。项目管理者必须树立风险意识，防患于未然，要在各阶段、各个方面实施有效的风险控制，形成一个全过程、全部风险、全方位、全部门参与的风险管理体系。

商用飞机项目风险和机遇管理

### 2.1.2　机遇管理的起源

相对于项目风险管理研究，国际上系统性研究项目机遇管理的时间较晚。近年来，"机遇"一词开始引起广大专家学者的重视。20 世纪 90 年代初，由世界银行的两名高级经济学家威廉·伊斯特利和利昂·普里切特完成的一项研究报告指出，"机遇在很大程度上决定着一个国家所能取得的繁荣程度……（其间）存在着一个极大的反复无常的因素……对增长率能产生重大影响。这个反复无常的因素……可以简称为'机遇'。"柯林斯和波勒斯在《基业长青》[12] 一书中指出，在对"一组杰出的、历经岁月考验的公司"进行对比研究后发现，"高瞻远瞩的公司的部分最佳行动来自实验、尝试错误和机会主义，说得正确一点，是靠机遇。高瞻远瞩的公司是在模仿生物物种的进化。达尔文的《物种起源》中的这些概念，比任何公司战略管理的课本都能更好地说明某些高瞻远瞩的公司的成功之道"。哈梅尔和普拉哈拉德也在《竞争大未来》中指出，"竞争未来，是竞争商机份额，不是竞争市场份额"[13]。这些都说明了专家学者对机遇的关注。

随着现代哲学、系统科学、复杂性科学的发展，人们逐步认识到企业作为复杂系统的本质和成长演化的非线性特点，从管理学的角度对机遇进行了定义，并形成了机遇管理理论。机遇管理理论认为，动态复杂环境在给企业成长带来不利影响的同时，也带来了有利的影响——机遇。动态复杂环境的特点是系统的不稳定性和非均衡性，而这正是机遇赖以产生的条件。企业的异质性，特别是企业资源、能力的差异，导致了企业对机遇认知和利用的不同，其中有些企业利用系统的不稳定性和不均衡性获得快速成长。

从文献检索的结果来看，在国外开始系统性研究机遇管理后不久，中国也陆续开展了对机遇管理的研究，较为著名的成果是首都经济贸易大学的黄津孚教授在 2005 年出版的《机遇管理导论》[7]。作者认为，机遇虽稀缺宝贵，但只有处于管理状态下，才能够充分体现其价值；又因为机遇的形成机制太复杂，所以管理太困难。在理论上，它涉及哲学、物理学、数学、心理学、经济学、管理学等多学科知识；在实践中，它涉及战略和战术、决策和行动、经验和人格，而且与非

28

线性、非均衡、不确定性联系在一起，机遇管理错综复杂。作者在书中系统性地揭示了机遇的本质，从理论上解释了机遇的产生机制和现实价值，阐明了机遇和风险的关系，探讨了分析、评估机遇的方法以及把握、营造和利用机遇的原则，并初步建立了机遇管理系统，包括机遇的辨识、评估、利用和营造。

## 2.2 风险和机遇管理对于复杂产品的作用

在 21 世纪经济全球化、科技信息快速发展和产业集群化的形势下，复杂产品制造业面临着极大的挑战。复杂产品制造业往往集知识密集、技术密集和资本密集于一身，是高技术、高附加值、高风险的战略性产业。不论是从经济发展还是国家安全的角度来看，没有硝烟的经济战场通常都是大国的必争之地。同时，复杂产品的研发活动也是一项系统工程，要想在整个研发过程中达到整体协调平衡，落实全局最优方案，取得最佳的投入产出比，项目风险和机遇管理是不可或缺的工具和实施途径。

### 2.2.1 复杂产品的特点

复杂产品是产品组成复杂、客户需求复杂、制造流程复杂、项目管理复杂、试验维护复杂等诸多复杂特征集于一身的一类产品的统称。这些产品有着复杂的功能和界面，其中部分部组件往往还需要定制。由于其高度定制化及自身的复杂性，这些复杂产品展现出系统的特性。我国著名科学家钱学森在《论系统工程》[14] 一书中这样描述道："我们把极其复杂的研制对象称为'系统'，即由相互作用和相互依赖的若干组成部分结合成的，具有特定功能的有机整体，而这个'系统'本身又是它所从属的一个更大系统的组成部分。"根据《中国商飞公司系统工程手册》（第 5 版）[15] 对民用飞机产品系统的论述，商用飞机"作为'复杂高端产品'，复杂性体现在产品规模、系统组织、设计要求、研制过程、成本、周期、客户化、项目组织与管理、公共关系等诸多方面"，而《商用飞机项目——复杂高端产品的研发管理》[5] 一书将复杂产品的具体特点表达得非常全面，虽然是针对商用飞机产品，但是对于其他类型的复杂产品同样适用。这些特点除了体现在项目里程碑、项目目标以及项目参与人数巨大引起的复杂性之外，还表现在以下十个方面。

第一是系统的复杂性——这不但表现为组成产品的部组件数量大，而且表现为具备独立功能的子系统繁多，各类界面及其协调的需求数和工作量大。大量子系统，甚至大系统均来自供应商，主制造商主要负责产品的最终集成，其中任何一方的失误和延期都会引起连锁反应。

第二是产品设计的复杂性——抛开为实现产品复杂功能而导致的复杂设计，类似商用飞机这样的产品还必须满足一系列高安全性、高可靠性等非功能性需求，从而使得其设计难度和复杂性呈现指数级的上升态势。

第三是产品的高度客户化——这一特点在商用飞机、汽车等复杂产品中的体现尤为突出。可以这么说，没有售出的两架飞机或两辆汽车的配置、内饰是百分之百一致的，在这样的情况下，管理售后和客户服务的工作使得产品的复杂程度又上了一个台阶。

第四是产品实现过程的复杂性——系统和设计的复杂性需要大量的研发过程加以保障，甚至在某些活动场景下需要定制过程，并且在内外界条件发生变化时及时调整和更新相关过程，始终保持过程间的连贯性和实施效率。

第五是推出新产品的低频率——这一特点只符合部分复杂产品类型，商用飞机是其中之一，其他显而易见的有航天产品，如运载工具、卫星、高性能的军用飞机、大型核电站、高速铁路列车等。这些低频率产品（尤其是需要较长研发周期的产品）对研发过程、研发人员相关技能、研发保障体系等的成熟度要求很高，但是产品推出的低频率又使保证足够的人员和提升过程成熟度变得非常困难。

第六是财务管理的复杂性——复杂产品通常连带着研发费用昂贵，投资回报周期长，融资过程困难复杂，财务风险非常高等特点，对于项目实施企业的融资能力、商业前景的预测能力、项目决策能力以及财务管理水平等提出了很高的要求。

第七是项目管理的复杂性——产品的复杂性、协调界面的复杂性、研发过程的复杂性、较长的研发周期、较长的投资回报期、背景资历各异的大规模项目团队等使得复杂产品的项目管理高度动态化，对内外环境的变化极其敏感，增加了项目管理的难度和复杂度。

第八是买方垄断市场带来的复杂性——本特点更适合商用飞机市场，因为现状就是垄断性买主对飞机售价和交付起着决定性作用。

第九是文化的多元性——越是复杂、规模巨大的产品或产品系统，尤其在商用产品领域，就需要越多的团队、各种背景资历人员的参与，甚至是全球化的协作。以商用飞机为例，已经没有一家主制造商试图或者说有能力完成从零件的设计、生产到整机装配试验全过程的所有工作，越来越明显的发展趋势反而是将大量的研发工作整体打包给供应商完成，而主要供应商也会按需将部分项目任务转包给其下游供应商。这些供应商遍布全球各地，使用不同的语言，有着不同的文化背景，在项目实施过程中，不可避免地会产生各种各样的文化碰撞甚至冲突，让管理面对的场景更为复杂。

第十是公共关系上的复杂性——复杂产品中的代表，例如商用飞机、高铁列车、卫星、火箭等都是万众瞩目的对象，长期受到民众和政府的关注，并常被当作一个国家的名片（如中国的高铁、美国的波音和欧洲的空客），见证和宣传国家的成就，以及作为各国携手合作的成果象征。如此一来，研发复杂产品将会面对常规产品一般不会经历的复杂的宣传事务和公共关系处理等活动。

以复杂产品供应链管理为例，其庞大的供应商群体一般会包括重要设备与关键系统供应商、专业零部件供应商和标准件/通用件供应商。按照中国商飞公司官网介绍，其Ⅰ类供应商有 40 家，Ⅱ类供应商有 25 家，Ⅲ类供应商多达 57 家，包括航空工业旗下的主要机体和设备生产商以及欧美澳等行业领先的系统供应商。这些还只是由中国商飞公司直接管理的一级供应商的数量，在项目实施过程中，项目团队不但要和一级供应商互动，有时候还需要深入接触关键的二、三级供应商，以保证项目目标的圆满实现。上述供应商个体差异大而且分布很广，例如一些重要设备与关键系统供应商、专业零部件供应商往往为大型的国际供应商、国内专业供应商，这些供应商有着较强的经济技术实力，与复杂产品制造商进行协同研发涉及的供应商主要指这类供应商。在复杂产品研发供应链中，复杂产品制造商处于主导地位，负责产品的设计、关键零部件的生产以及总装。复杂产品制造商与供应商的合作一般是通过转包的方式建立。供应商或凭借成熟的技术，根据复杂产品制造商的要求（包括技术标准、规格型号等要素）进行生产，或在一定的产品技术创新基础上进行生产，生产后的子系统、零部件等再运到总装厂进行总装。为了在全球范围配置制造资源，形成制造业优势产业链，抢占世界市场，复杂产品制造企业往往采用"主制造商-供应商"的协同研制模式。在该模式下，主制造商通过放弃自己的一部分非核心业务来换取能够真正承担复杂产品研发的战略合作伙伴。复杂产品制造商与供应商的这种合作关系能保证复杂产品的整体一致性，但是使得复杂产品制造商对供应商的依赖性更强，这种依赖性表现在对供应商提供产品的准时性、产品技术的可靠性等方面；同时，复杂产品制造商也需要承担供应商方面的风险，如对最终产品交付进度和质量的影响后果。

随着经济环境的变化，一方面复杂产品制造商研发投入成本越来越高；另一方面供应商的技术越来越成熟，企业间合作范围逐渐扩大，与供应商建立风险合作伙伴关系成为复杂产品制造企业的供应链发展战略。例如，美国波音公司在波音787飞机项目中将风险合作模式引入供应链管理中，高达60%～70%的研制和生产工作是由供应商完成的。这种全新的供应链管理模式与合作方式被视为工业化发展中的一个壮举。以该供应链管理模式为支撑的研发模式，一方面可以使复杂产品制造企业在全国乃至全球范围内选择最优秀的供应商，缩短研发周期；另一方面，可以分担复杂产品研发过程中的风险，而合作供应商由原来的单纯供货商转变为风险合作伙伴，与复杂产品制造商共担风险、同享利润。应该注意到的是，由于复杂产品的系统性、整体性特点，各个子系统或部件并不是简单地组合在一起，而是各组成部分通过有机整合和集成，发挥其整体功能。在这种风险共担的模式下，复杂产品的部分研发任务交由不同的供应商去完成，由不同供应商生产的部件集成为一个满足客户需求的产品，企业间（不仅存在于主制造商和供应商之间，也存在于有产品接口的各供应商之间）的协同成为这一合作模式成功的关键。

随着主制造商与供应商更进一步、更深程度地融合，在享受合作、提升研发效率和质量等机遇的同时，与之相关的风险也逐渐凸显。尤其是在商用飞机、巨型船舶、航天产品、汽车等复杂产品研发领域中，复杂产品协同研发过程所涉及的众多利益主体不仅仅代表了市场利益，还会在不同时期、不同场合下代表不同程度的地域、国家和政治利益。一旦达到某种条件或失去微妙的平衡，在各利益主体间、各利益主体与协同研发系统间会不可避免地产生矛盾和冲突。由于利益主体间关系的不稳定，有的冲突关系会被强化，甚至断裂，致使产品研发的复杂网络出现断点，重则导致合作链断裂、合作失败等恶性连锁反应。如同2020年2月，一则关于美国总统安全顾问建议停止向中国出售CFM公司生产的Leap‑1C发动机的新闻甚嚣尘上，引发了业内的恐慌和一系列的讨论。虽然最后因美国前总统特朗普的否认而落下帷幕，但是这类事件的发生概率并不低，这也是复杂产品研发中越来越需要面对的实际风险。目前国内在复杂产品的研发中一般比较关注进度风险和费用风险①，其他方面相对薄弱，而即使是这两类风险，其应对措施和手段都有各自的局限性和不足，笔者将在后续章节中分别予以讨论。

### 2.2.2 风险和机遇管理的作用

无论对复杂产品项目还是常规产品项目，风险和机遇往往是一对"孪生兄弟"。生活中，人们也常常会说"危机就是危险的机会""危机就是转机""危机处理得好便是机遇"等，也充分地表明了面对风险时的一种态度。这种态度对我们复杂产品研发的从业人员来讲尤为重要，因为既然风险和机遇有可能互相转换，那么就不能总是以负面的心态去对待和管理，也不能熟视无睹。

复杂产品系统研发的风险管理一直是这类项目管理的薄弱环节，一方面项目风险管理的理论研究与实际发展落后于其他项目管理要素；另一方面应对不确定

---

① 对于研发成本和费用的关注也只是近10年来的事情，或者说是近5年以来被行业内越来越多的企业管理层所真正重视，还有很大的提升和完善空间。

性本身就是极具挑战性的工作，加上产品的复杂程度，所以复杂产品风险管理的成功率远小于常规产品研发项目。理论上讲，复杂产品面对的风险和机遇来源、成因、应对措施越复杂，需要考虑的因素越繁多，就越是要采用系统化的方法和手段去管理和监控，这样才能使得研发复杂产品的团队和企业各阶层按照尽可能一致的理念、识别方法、分析工具、应对途径以及决策机制等同步工作，起到真正的效果和作用。现存的主要问题之一是对于复杂产品系统研发风险，反而缺乏系统的分析和有效的评估工具。截至目前，国内有关复杂产品系统研发项目风险的评估工具不但很少，而且所采用的不仅主要从欧美早期开发的工具中借鉴，还往往只适用于普通产品研发项目评价①，很难与复杂产品系统这种特殊研发项目相适应。同时，复杂产品系统除了其产品复杂外，还与产品开发组织机构的文化、社会环境、组织环境等人文因素密切相关，即便能够引进全套的一流风险和机遇管理的机制和工具方法，也会出于这类机制和工具方法是基于国外人文环境所开发出来的原因，未必能在国内取得同样好的效果[16]。

如果说风险管理可以帮助复杂产品研发企业少走弯路，那么机遇管理便是帮助这些企业另辟蹊径，实现加大领先优势或者后来居上的战略目标。机遇是企业创新和发展的重要推动因素，是实施主动战略和选择策略时的重要考虑要素，利用机遇是"多快好省"的经营管理方法，也是全世界普遍存在的组织行为。在经营管理企业的过程中，为实现高效和低成本目标，不仅制订和实施战略要考虑机遇，而且在市场营销、组织变革、商务谈判，甚至思想工作方面也都要善于利用机遇。掌握机遇管理理论与方法是现代企业经营管理人员提升能力的重要途径之一。

## 2.3  风险和机遇管理在复杂产品研发中的应用实例

本节我们通过几个不同类型的复杂产品在研发过程中风险和机遇管理的应用

---

①  复杂产品研发的风险和机遇管理也是欧美国家相关企业的管理诀窍，即"know how"，并不会轻易外传。

实例，让读者对项目风险和机遇管理手段的落地和实践产生一些感性认识，进一步加强对复杂产品研发的特点以及风险和机遇管理的作用的了解。

### 2.3.1  通信卫星系统

经过 60 多年的发展，我国的航天事业取得了长足进步。在航天科技的应用领域中，通信卫星是应用最为广泛的产品之一。通信卫星是用作无线电通信中继站的人造地球卫星，属于卫星通信系统的空间部分。通信卫星转发无线电信号，实现卫星通信地球站（含手机终端）之间或地球站与航天器之间的通信，在日常生活和军事活动中发挥着越来越大的作用。通信卫星不但研发技术复杂，研发难度大、风险高，而且其系统全生命周期面临的风险不胜枚举。简单统计一下，通信卫星系统至少包括卫星星体和搭载设备的研发、运载工具的研发、发射基地的建设和使用、运载工具的发射、地面遥测技术的开发和使用、地面指挥中心的建设等项目研发和管理活动。而通信卫星系统的产品全生命周期继产品研发、地面试验之后，还要经历运载工具发射入轨、卫星定点、通信运行等阶段。其全程在轨运行期间，卫星还要不定时地进行机动变轨和姿态调整。由于缺乏有效的在轨维护手段①，产品需要极高的安全性和可靠性，因此通信卫星系统是典型的复杂产品。在通信卫星系统全生命周期的各个阶段，发生事件风险导致项目失败的实例也是屡见不鲜。比如在发射阶段——1998 年 8 月至 1999 年 5 月的 9 个月间，美国用"大力神""德尔塔"和"雅典娜"火箭发射的 6 颗间谍卫星均告失败；我国于 2020 年 3 月 16 日和 4 月 9 日在文昌航天发射场和西昌卫星发射中心也出现了连续两次发射失利事件。在在轨运行阶段，仅仅由于外空间环境因素影响，美国空军空间防卫通信卫星 DSCS－Ⅱ 9431 在轨运行一年半后，电源系统因被电磁风暴损坏而报废；英国国防通信网的 Skynet 2B 卫星从发射之时起就由于星体充电（spacecraft charging）效应而故障不断；国际通信卫星组织的 Intelsat K 卫星及 2 颗加拿大通信卫星 Anik E－1 和 E－2 在遭受同一个地磁风暴

---

① 2011 年，美国航天飞机全部退役后，在轨卫星的维护手段也彻底失去了，即使是低轨道的航天飞机也完全没有能力对处于地球同步轨道的通信卫星进行维护。

（geomagnetic storm）后相继姿态失稳、工作中断等[17]。因此，风险防范和应对是通信卫星系统研发过程中非常核心的工作目标和内容。铱星的陨落就是通信卫星系统这类复杂产品研发风险管理不够到位的典型案例。

铱星系统是美国摩托罗拉公司设计的全球移动通信系统。其中早期设计的主体硬件部分是运行在 7 条地球低轨道上的 77 颗通信卫星，每条轨道上均匀分布着 11 颗，形成一个人造星座。由于这些卫星的分布像化学元素铱原子核外的 77 个电子围绕其运转一样，因此该项目被称为"铱星"①。铱星系统的所有卫星都运行在跨越地球南北极、离地 780 千米的绕地轨道上，信号可以覆盖全球，用户可用手持话机直接接通卫星，进行全球范围的通话。而之前开发的卫星电话系统需要依赖直径为数米的抛物面天线才能接收卫星信号，铱星系统的问世简直就是飞跃式的进步，同时也足以显示摩托罗拉公司的技术实力。经过十多年的努力和投入，摩托罗拉公司费尽千辛万苦、耗费 63 亿美元的巨额研发费用，终于在 1998 年 11 月 1 日正式将铱星系统投入使用，并由时任美国副总统戈尔在白宫玫瑰园拨出了第一通电话。虽然项目成功，产品顺利进入市场，但是命运却和摩托罗拉公司开了一个很大的玩笑——铱星系统的技术在当时而言不可谓不先进，然而其用户终端（电话机）价格不菲，通信费用一直居高不下，普通用户基本不愿问津。运行半年后，铱星用户才勉强达到 1 万的数量级，离摩托罗拉商业计划自估的 50 万相距甚远，靠项目本身完全没有在短期内达到盈亏平衡点的能力②。而同一时代，蜂窝式移动通信等地面通信手段和技术飞速发展，手机产品不断更新换代，性价比快速提升，已经占领了大部分市场，甚至侵蚀了铱星的市场③。由于无法形成稳定的客户群，专门为铱星计划成立的铱星公司亏损巨大，连贷款利息都偿还不起，因此摩托罗拉公司不得不为曾经一度辉煌的铱星公司申请破产保护，并在 2004 年出售铱星公司。从风险和机遇管理的角度来说，铱星事件提

---

① 虽然最终实施方案只用了 66 颗运行卫星加 6 颗备份星，但是铱星的名字还是保留了下来。

② 有数据显示，当时铱星系统每月需支付的银行贷款利息就高达 4 000 万美元，相当于十几万台电话机的销售额，也就是说，至少需要每月增加十几万用户才能勉强支付贷款利息。

③ 曾几何时，"Hello Moto"的手机开机音响彻全球各地，可以说摩托罗拉自己的手机产品在自己的铱星系统陨落的道路上也没有少扮演反面推手的角色。

供了很多惨痛但深刻的教训：虽然摩托罗拉捕获到了当时人们对移动通信日益增强的需求，意图出奇制胜、抓住机遇，而且从现代电信系统的设计来看，铱星系统的总体技术相较于传统的卫星系统有着非常强的竞争优势，但是，摩托罗拉忽略了用户的真正需求，不重视和关注用户的体验，采用了大量以往的卫星通信系统未曾实践过的新技术，以及跟本公司的龙头产品争夺市场等行为，几乎将一款商用消费品能碰上的风险都过了一遍，而且最糟糕的是，这些风险事件无一例外都发生了。可见，商业市场的高风险不会因为摩托罗拉是豪门大户而手下留情，也不会因为其技术领先而网开一面，任何产品最终都要接受市场的检验，盲目发展以及对市场估计错误的代价是惨重的——只是单纯抓住机遇的方案不一定是最合适的方案，缺乏对风险全面评估便盲目启动项目可能是对项目最为致命的决策。

最后，对我国而言，通信卫星研发是国家战略型新兴产业，是国防事业的重要支撑。我国国内的通信卫星研发通常由国有企业承担，因此在风险和机遇管理方面也要专门识别并注重预防政治风险，要考虑国际、国内的环境和政策走向，以及潜在的利益攸关方的情况。政治风险的应对往往不是通过普通的技术手段或者资金调控就可以解决的，一旦发生，会导致项目的技术方案更改、发射计划推迟，甚至项目取消，其后果以及付出的政治成本难以估量。政治风险的识别和应对需要进行专题研究，并不一定完全兼容和符合常规的项目风险和机遇管理理论，在此不做过多的展开。

### 2.3.2　大型核电站建设

核能是满足能源供应、保证国家安全的重要支柱之一。第二次世界大战以后，美国、英国、加拿大和苏联都投入了大量人力和物力研究民用核能。经过50年的努力，核能应用得到巨大的发展，已经成为一种比较成熟的技术。目前核能主要用于发电，只有少数反应堆用于核能供热和海水淡化。核能发电在技术成熟性、经济性、可持续性等方面具有很大的优势，同时相较于水电、光电、风电等新能源发电形式具有无间歇性、受自然条件约束少等优点，是可以大规模替代传统化石能源的清洁能源。随着技术的发展，尤其是第四代核能系统技术逐渐成熟，投入使用，核能有望跳出仅仅是电力提供者的角色。

为了高效利用核能，需要建设大型的核电站，而核电站建设的最大风险在于具有毁灭性的核电泄漏，属于巨灾风险。一旦发生核事故，不但会导致直接经济损失高达几十亿甚至几千亿美元，而且核泄漏会造成严重的污染，除了需要极高的清污费用，其对社会、对民众心理的影响更是无法估量。2011 年 3 月 11 日，日本东北部海域发生了强度为里氏 9.0 级的大地震，日本福岛第一核电站和第二核电站遭受严重破坏。福岛核电站是世界上最大的核电站，它的破坏引起大规模放射性核素泄漏，核事故级别达到了最高的第七级。依照日本法律和政府对事故责任的认定，福岛第一、第二核电站的运营公司东电公司是本次核事故的唯一责任人，需要对事故造成的核损害承担"无上限"的赔偿责任。据报道，本次核事故的核损害赔偿创下了多项世界之最①：潜在的受害人数最多——政府疏散人群达 34 万，自主避难人群达 150 多万；事故索赔案件数量最多，事故赔偿金额最大——预计支付的赔偿金额将超过 500 亿美元。此外，日本当局划设了长 12.5 英里（约 20.1 千米）的禁区，禁区内的居民被迫搬离家园，原先生机勃勃的村庄现在已成为荒凉的"鬼镇"。在福岛核事故后，世界各国均加强了对核风险的管控，中国国家核安全局也提出了各类核设施安全改进行动，正按照短、中、长期计划开展实施，并分阶段逐步对核电厂的防洪能力、应急补水及相关设备、移动电源及设置、乏燃料池监测等 8 个方面进行了技术要求。

核电站项目规模巨大、工期长（60 个月以上）、技术复杂、投资金额较大，是典型的复杂产品项目。由于核电站项目涉及的技术非常复杂，其工程产品与预期效果间的差异产生的不确定性，是造成核电站项目安全隐患的重要因素。核电站项目按不同阶段进行划分。在不同的阶段，资金管理的目标和内容均有较大差异。在项目的建设过程中，存在自然风险、社会风险、施工管理风险、技术风险、费用风险、人员风险、安全风险、设备风险等。各个阶段也面临不同的主要

---

① 数据来自 2019 年 5 月 17 日《人民法院报》刊登的一篇名为《日本核损害赔偿制度与福岛核损害赔偿实践》的报道。

风险：在核电站的设计过程中，主要面临选址风险；在核电站的建造过程中，主要面临自然灾害、火灾、机器损坏、电气故障、核泄漏等风险；在运营阶段，则面临核物质损失、核泄漏、营业中断等风险。基于其特殊性，核电工程对施工质量控制要求非常高，在确保达到设计要求的同时，需要控制各种因施工原因造成的返工，严格防范各种潜在质量隐患，防止质量事件的发生，控制工程进度与成本。随着劳动力市场向供给侧偏移，一线施工人员流动性不断增加，加上设备供应能力的不足给现场施工管理带来了巨大的质量风险，而核电站对风险管理的要求特别高，长期、大量、多币种的融资状况必然存在大量风险。因此世界上从事核电站建设的企业和项目公司都会从风险管理的角度出发，在项目设计阶段和建造阶段开展项目风险的全面管理。在核电项目管理中，以服务项目目标为前提，对项目进行全面风险识别和分析，对存在的不确定性风险因素进行区分，并针对这些风险因素制订一系列合理、有效的预防措施，使核电站项目在建设过程中以及建成投产后的安全风险降至最低，是核电站项目实现全面风险管理的目的所在。

在机遇管理方面，我国核电站建设水平的发展历程就是一个很好的例子。核电是我国未来重点发展的领域。经过多年发展，我国目前拥有浙江秦山、广东大亚湾和江苏田湾三个核电基地，已投入运行的机组装机容量达到 897 万千瓦，占总装机容量的 1.3%，已成为世界上少数几个拥有比较完善的核工业体系的国家之一。我国核电站建设经过 40 多年的发展，走出了逆袭之路。从大亚湾核电站的钢筋水泥都需要进口，到如今"华龙一号"示范工程防城港二期设备超过 85% 的国产化率①，掌握了自主知识产权的世界先进三代核电技术，并使之成为国家名片，落户海外市场，在多个国家，甚至老牌的核工业大国（如英国）建设核电站。中国核电已成功走出了一条"引进、消化、吸收、再创新"的逆袭之路。这也充分说明了在外部核心技术封锁的不利环境下，完全可以通过抓住机遇取得成功。

---

① 数据源自 2018 年 9 月 27 日，时任中国广核集团副总经理谭建生在"中广核改革开放 40 周年故事汇"上的讲话。

### 2.3.3 高速铁路机车

伴随着国民经济的高速发展，人们出行的方式更加多元化，同时对出行要求的标准也越来越高。常规的普通列车从舒适度和运行速度等方面已经无法满足特定的出行需求，于是高速铁路机车逐步进入了我们的生活。高速铁路机车具有速度快、运量大、正点率高、舒适方便、科技含量高等特点，近年来已成为国内商务、公务人士的出行首选。同时也能够促进沿线区域产业布局的调整，在拉动经济多元化发展的同时，还为社会地域文化交流提供了新的平台，民众的生活方式也随之改变。

高速铁路机车是一个典型的复杂产品系统，其研发项目具有技术难度大、受外部制约因素多、周期长、投资高、标准高等特点。其实我国早在 1990 年就开始论证北京到上海的京沪高铁，接着就布局了高铁研究的项目[1]，一直到 2002 年左右，研发出了一批高铁。但是，当时我国的工业基础和技术实力都还比较弱，研发出来的国产高铁经常"趴窝"，不能满足实际应用的需求。虽然我国高铁自孕育之初就没有停止过研发工作，但真正定下自主创新基调是在 2008 年。这一年，原铁道部与科技部联合启动了"中国高速列车自主创新联合行动计划"。该计划是我国第一次全面、系统、目标明确地开展高速铁路核心装备与系统研发。该计划涉及高速列车以及高速铁路的全部关键系统装备，包括整车集成、空气动力学、承载系、走行系、传动和制动系、列车控制网络、牵引供电、关键材料及零部件、列车运行控制、高速铁路运输组织 10 个大项目，拥有自主知识产权，体现了世界最高水平，符合中国国情。目前认为，至少从"和谐号"380A 到后面的"复兴号"，我国是掌握绝对自主知识产权的，产业链是完整的。不但高铁产品有所突破，带动了产业链的发展与技术的变革，如工业变流、IGBT 半导体技术、高效能电机技术、机械传动技术、铝合金加工技术等，而且，通过在世界范围申请大量专利，经过世界评审机构的全面评审形成了中国的标准，同时对外

---

① 数据源自杨国伟在 SELF 格致论道讲坛上的讲话。杨国伟是"973"项目首席科学家，"中国高速列车自主创新联合行动计划"总体专家组成员。

输出，成为中国的一张新名片。

从中国高铁模式可以看出，我国抓住了市场变化的机遇，充分发挥了体制优势。铁道部的统筹让中国铁路捏成一个拳头，既拿到了技术又保住了市场，只用了10年时间，便使高铁技术达到了世界先进水平。目前我国已经确定了时速400 km的高速动车组类和时速600 km的高速磁悬浮列车的研发任务，一个是高速冷轨技术的研发，一个是高速磁悬浮技术的研发[①]。当前，我国拥有建设高铁项目的核心竞争力，高铁项目在"走出去"的过程中产生了带动效应、外溢效应和规模效应，这不仅促进了我国企业技术的创新，而且推动了我国与周边国家的互联、互通。我国的"高铁外交"引起了国际社会的广泛关注，彰显了我国推动全球经济治理的决心。然而，"高铁外交"也蕴含着潜在风险，即几乎每个海外高铁项目在实施中都出现了反复谈判的情况。一是由于国家软性贷款的支持，国有企业对高铁项目的风险评估不足，往往低价中标。虽然投标价格反映了项目的国内建设成本，但往往难以在国外完成。二是东道国政府往往要求我国施工企业出资征地、使用当地劳工和原料，这些都抬高了我国企业的建设成本和经济风险。三是大部分国际高铁标准还是被国外垄断，这意味着我国高铁所有机械装备和工艺流程都要符合欧洲的标准，并须缴纳巨额认证费用，导致成本增加，竞争优势丧失，给竞争对手设置技术壁垒留下可乘之机。对项目东道国来说，存在可持续性风险。一方面是运营的可持续性，尽管高铁项目由中方主要出资，东道国很少提供配套资金，但是在项目交接后，运营和维护问题是东道国政府必须面对的。当前大部分高铁项目的东道国是发展中国家，由于缺乏专业维护、运营的人员和知识，导致其极有可能面临巨大的运营亏损风险。另一方面是债务的可持续性，我国利用政策性金融支持东道国高铁建设，不仅增加了东道国对我国的依赖，而且导致其外部债务比例上升，产生触及警戒线的危险。单纯从项目的角度考虑，风险和机遇必须在符合项目目标原则的大前提下进行全面权衡，既不应该为了规避可能的国际风险而不去世界舞台抢市场，也不可以仗着国家撑腰而盲

---

① 数据源自十九大代表、中国科学院院士、西南交通大学学术委员会主任翟婉明于2017年10月24日做客新华网的访谈。

目接单、自以为是、不看赢利能力地投资国外项目，最终导致项目风险频发，国有资产流失。

### 2.3.4 喷气式商用客机

作为现代工业的"皇冠"，喷气式商用客机毫无疑问是集科研、新产品试制及产业化于一体的复杂产品。其研发项目涵盖了设计—产品—商业成功的全过程，具有项目规模大、技术要求高、投资强度大、研发周期长、协作单位人员多、市场竞争激烈以及对政治经济环境的变化特别敏感等特点。喷气式商用客机研发的独特之处在于不仅要使研发出来的飞机卖到商用飞机市场，而且需要确保飞机在服役后长达数十年的商业运营中安全、可靠，并且给客户带来稳定的盈利点。其市场竞争力不仅体现在所谓的技术先进、内饰高档、售价便宜等常规认知层面，更是通过运营期间的直接和间接成本、座公里油耗、维修定检的便捷性、航材备件的可互换性及可靠性等实际运行效果①加以展现。市场竞争力决定了商用飞机产品相对于同类产品具备以及保持足够差异性优势的水平。光是项目研发本身也是一项高度复杂的系统工程。按照阿尔特菲尔德博士在《商用飞机项目——复杂高端产品的研发管理》[5]一书中的说法，波音 777 含多达 450 万个零件，219 千米长的线缆，其研发项目投入了 1 000 万个工时——在进行飞机研发的过程中，研发时间相对较长，资金投放数量巨大，参与的行业机构数量繁多，不可控因素的存在和影响复杂，给项目研发和生产增添了相当大的难度。一旦某一环节出现问题，轻则降低飞机的性能，延长研发和生产周期，增加整个项目的投资；重则可能机毁人亡，造成巨大的人身和财产损失。最近的实例就来自世界商用飞机两大巨头之一的波音公司，其全新投入市场的波音 737MAX 机型，在 2018 年 10 月至 2019 年 3 月短短 5 个月内，出现了 2 起致命飞行事故，造成 2 架飞机上 300 多名乘员全数死亡。这 2 起事故直接导致全球波音 737MAX 机型停飞超过 20 个月，波音商用飞机订单一落千丈，企业商用飞机业务线收益连续 2 个

---

① 这些都不是纸面上的指标或者宣传推销时的承诺，而是会实实在在通过航线运营体现出来的，做不了假。

季度被老对头空客公司超过。无独有偶，早年我国某型飞机某项试验的意外失败，也曾导致项目延误长达半年之久，对适航取证工作计划造成了重大影响。因此，从管理的角度而言，商用飞机项目研发活动离不开有效的风险管理机制。

　　然而，从另外一方面讲，尽管有不少喷气式商用飞机在市场竞争中折戟沉沙的先例和教训，甚至其中不乏洛克希德·马丁公司、麦道公司、参与研制"协和"式飞机的英国宇航、罗罗公司、法国宇航、赛峰公司等业界赫赫有名的大公司，世界上的科技大国、企业界的各路英豪还是甘愿冒着巨大的风险纷纷抢滩商用飞机市场。除了其代表人类科技水平的技术和系统集成能力之外，巨大的市场和赢利前景也足以让最沉稳的商业奇才怦然心动。表2-1展示了几家主要航空制造商对今后20年全球商用航空市场的最新预测结果。虽然在飞机类型分布和具体数量上有所差异，但是所有的蛋糕都显得既大又香，哪怕世界民用航空业由于新冠肺炎疫情，遭遇了自第二次世界大战以来最萧条的时刻，民用航空市场也孕育着大量的商机和潜力。如同中国民用航空局前局长李家祥早在2009年表示过的，民用航空业也是促进经济繁荣的强劲动力[18]。波音公司的"巨无霸"飞机波音747的研发就是抓住机遇，成功占领市场，成就一代名机的典型例子。波音747是20世纪60年代由喷气式客机带来的旅行革命的产物。波音公司虽然看准了市场的发展，并且通过启动用户泛美航空的订单成功开展了新机型的研发，但是不到3年的研制时间，全新厂房的建设以及全新宽体客机的研发使得波音公司背负了沉重的债务，甚至在飞机交付前的数月还面临着破产的威胁。可最终"命运女神"还是眷顾了波音和波音747，波音747不但一战成名，而且依靠各种改型统治了世界宽体飞机市场长达40年之久。由波音747机型改装的美国总统专机"空军一号"更是成为美利坚合众国的象征，为波音公司打了多年的免费广告。另外一个典型的例子来自波音和美国商用航空制造业长达半个多世纪的老对手——欧洲空客公司。毋庸置疑，空客公司的出现是欧洲各国对美国在世界市场上施加的多方面压力以及对各自力量过于分散的忧虑的结果，欧洲最终选择的突破点就是商用飞机市场和合作。虽然欧洲航空企业的整体实力并不逊于美国，但是毕竟是多国合作以及后发者具有先天不足，前10年空客一直处于苦苦

43

追赶的境地，直到推出了全球第一款全电传操纵的单通道窄体飞机 A320，在技术差异化上打了一个漂亮的翻身仗。欧洲人看准了世界新兴市场的需求，吹响了赶上并超越美国人的号角。经过数十年的市场竞争，现在的空客跟波音一样，成了世界商用飞机制造领域中举足轻重的"巨无霸"。空客与波音垄断着全球超过 90% 的客机订单；甚至近年来，空客公司在喷气式商用客机市场的占有率已开始反超波音公司。究其原因，机遇的掌握、风险的管控是空客最终成功的不二法门。

表 2-1   世界主要航空制造商全球市场预测

| 制造商 | 美国波音公司[19] | 欧洲空客公司[20] | 中国商飞公司[21] |
|---|---|---|---|
| 起讫年限 | 2022—2041 | | 2021—2040 |
| 交付总量 | 41 170 | 39 490 | 41 429（不含货机） |
| 市场价值 | 7.2 万亿美元 | 未提供 | 6.1 万亿美元 |
| 服务市场价值 | 3.6 万亿美元 | 4.8 万亿美元（2021 年数据） | 未提供 |
| 支线客机 | 2 120 | 31 620 | 4 412 |
| 单通道客机 | 30 880 | | 29 482 |
| 宽体客机 | 7 230 | 6 980 | 7 535 |
| 货机 | 940 | 890 | 934 |

2008 年 5 月 11 日，中国商飞公司的成立代表了中国带着目前世界第二的民用航空市场高调进入商用飞机制造领域，意欲同老牌的商用飞机"巨无霸"们在这个没有硝烟的战场上一争高下。机遇是巨大的，从国家层面来说，我国亟须通过经济结构的调整，从"中国制造"转变为"中国创造"。民用航空业的投入增长和市场拉动效应，有望给我国国内的工业体系带来革命性的推动，给国内经济发展注入新的活力。但是，面临的风险也是严峻甚至有点陌生的。中国商用飞

机领域的拼搏者们应该清醒地认识到，无论在硬件、软件还是人才储备上，我们跟世界先进国家相比都有很大的差距。一方面，喷气式商用客机研发是一个超复杂的系统工程，其风险管理属于在国际性联盟、跨行业、多项目、高工程量、大转包的环境下，既独立又关联的综合性管理。如何设计统筹组织机制，怎样发挥整体和个体优势实施协同集成应用，是当今一大管理难题。另一方面，喷气式商用客机对安全及风险管理的要求特别高，投入运营后几乎没有犯错的空间。由于国内商用飞机研发基础薄弱，国外对相关研发技术的严密封锁等，喷气式商用客机研发所面临的问题多属于国内首次。而"主制造商-供应商"管理模式又带来了更多复杂的风险源，各风险因素高度交叉、互相影响，对风险管理系统性要求高，安全与风险管理的难度前所未见。除了积极借鉴、学习前人与他人的项目风险和机遇管理经验，研究、引进先进的风险和机遇管理工具方法，首要的任务和核心是建立正确的商用飞机研发项目风险和机遇管理意识，虚心接受一个事实和理念：科学的事要使用科学的方法去分析、应用科学的手段去应对、采用科学的流程去决策，并且知行合一。

## 2.4 本章小结

本章介绍了复杂产品研发项目中的风险和机遇管理。复杂产品往往伴随着技术难度高、资金投入大、项目周期长、研制环境动态变化、项目需求多变和利益攸关方关系错综复杂等特点，这些特点汇总起来便导致这类项目的实施以及项目目标的达成具有很大风险。同常规项目相比较，例如建筑类项目，复杂产品项目往往无法在项目初期就制订足够详尽的项目进度计划并遵照执行，其进度计划的动态性和变化的量级以及各分计划、子计划间的依存关系的复杂性是常规项目所无法比拟的，因此对于风险与机遇管理在复杂产品研发项目中的必要性、迫切性和伴生性等特点就不言而喻了。值得一提的是，鉴于风险和机遇共生的特点，人们应该正确把握面对风险时的态度，这种态度对我们复杂产品研发的从业人员来讲尤为重要，因为既然风险和机遇可以互相转换，那么就不能总是以负面的心态去对待和管理，也不能采用熟视无睹的态度。关于这点，我们将在第 8 章详细阐述。本章提供了几个典型复杂产品研发的案例，并简单剖析了风险和机遇管理在这些项目中的运用，给读者们提供了一个直观的概念，便于我们逐步聚焦到中国的商用飞机产品研发上去。本章所提及的研发案例无一不反映了复杂产品项目的特点，但是在共性之余，也有各自的鲜明特征，比如同样作为交通工具的高铁和商用飞机，由于目标市场的不同以及竞争环境的迥异，其风险与机遇管理的关注点和侧重点会有明显的区别。类似地，同样是安全风险极高的项目，商用飞机和核电工程在风险与机遇管理的关注点上的区别与它们的客户群有关，核电工程客户群体的数量和种类较之商用飞机少了很多。简而言之，无论两种复杂产品有多么相似，都必须从其具体的行业、环境、技术成熟水平、可使用的资源、客观研制规律等方方面面，对症下药地实施风险与机遇管理，"一招鲜"和"削足适履"等做法都是不可取的。下一章我们就聚焦到商用飞机领域，具体了解一下商用飞机领域风险与机遇管理的发展历程和特点。

# 第3章 风险和机遇管理在商用 飞机制造业的发展

如同前一章所介绍的,大型喷气式飞机这样一件复杂产品不仅需要主机厂("主机厂"是计划经济时代军品研发时的称呼,市场经济的今天更为贴切的叫法是"主制造商")具备强大的总体研发和产品集成能力,更需要完整的零部件、系统配套体系以及高效稳定的供应链支撑。独立研发这类飞机代表着一个国家的工业水平,顺畅运行这类飞机更是一个国家工业配套水平的重要衡量指标[22]。站在体系的角度,评判这些能力就不能仅仅从技术维度(设计、工艺等)出发了,技术管理、项目管理等其他维度都扮演着重要的角色。这一章将通过对商用飞机制造业领域内风险管理发展历程的简单回顾,给读者提供一个该领域内项目风险管理能力水平的整体认识。

## 3.1 商用飞机制造业风险和机遇管理起源

专门研究商用飞机制造领域内项目风险和机遇管理的文献并不多,通过在2.1.1节中提及的时间点来看,相关研究大概率也是在第二次世界大战结束之后才逐渐开展。来自北京宇航系统工程研究所的程大林等在论文《航天项目研制风险识别与分析探索》[23] 中谈及,在 20 世纪 50 年代,美国国家航空航天局(NASA)就开始采用概率计算的方法,对航天器的可靠性进行分析,同时应用故障树理论对导弹的可靠性进行定性分析,初步奠定了航天业界风险管理的雏形。到了 20 世纪 60 年代,NASA 采用失效模式及影响分析(FMEA),开始对大型航天项目进行风险管理。到了 20 世纪 70 年代,NASA 在故障树理论的基础上开发出了故障树分析（FTA）方法，使风险分析更加量化。但是，总体而言，那个时期的风险分析方法以定性为主。作为美国国家研究机构，NASA 的研究成果与国民共享，NASA 本身也同时横跨航天和航空领域，并与航空业巨头，如波音、洛克希德·马丁、诺斯洛普·格鲁曼、麦道等公司有长期合作项目。虽然没有直接的佐证，但是我们有足够的理由相信，商用飞机制造领域项目风险管理的源头大概率是和 NASA 的研究及推广分不开的。

20 世纪 80 年代初，概率风险评估法作为一种新的定量分析方法被用于核工业和化学工业，但没有引起 NASA 足够的重视和应用。直到 1986 年"挑战者"号航天飞机发生爆炸事故后，NASA 才认识到了其定性分析方法存在的不足，并从 1988 年开始引进持续风险管理的理论与方法（continuous risk management，CRM）。CRM 包括 5 个模块，分别为风险识别、风险分析、风险规划、风险追踪及风险控制模块，它们在过程中首尾相连。1988 年 2 月，NASA 发布了名为"载人飞行项目中的风险管理策略"的管理条例，正式将风险分析工作制度化。1999 年，NASA 在应用 CRM 的基础上，引入了概率风险评估理论及方法（probabilistic risk analysis，PRA），并在 2002 年 3 月发行了针对所有项目经理的 PRA 手册。

## 3.2 商用飞机制造业风险和机遇管理的特点

商用飞机制造业风险和机遇管理的特点是由其产品的复杂性和商用飞机市场的不确定性所决定的。在 2.2.1 节中讨论复杂产品的特点时，我们提到了商用飞机产品的复杂性特点：项目规模巨大、系统复杂、产品设计复杂、高度客户化、实现过程复杂、产品更新换代频率低、财务管理复杂、项目管理复杂、买方垄断市场、文化多元化以及公共关系复杂。对于商用飞机产品而言，其长周期、高投入、高复杂性的特点导致产品开发项目对内外环境的变化极其敏感，反映到项目风险和机遇管理领域可以总结出以下几个特点。

一是风险和机遇来源众多。商用飞机产品的复杂性和利益攸关方的多样性等特点，使其在识别风险和机遇的时候会面对多种潜在的风险源和机遇来源。项目组织不但需要考虑传统项目中来自技术、进度、成本方面的风险和机遇，而且要时刻关注安全和可靠性的风险和机遇。能够影响上述各方面风险和机遇的因素有内部的，也有外部的；有与自身能力相关的，也有与供应链相关的；有企业内部控制手段导致的，也有国家乃至国际和行业法律法规引起的。比如说客户方面有大型的全球性航空公司，也有刚起步的地方性或中小型廉价航空公司；融资方面有国家背景的重点项目，也有完全市场化操作的上市公司独立投资，不一而足。这些数量众多的风险和机遇来源，首先带来的就是风险和机遇的绝对数量众多，在每一个项目阶段，系统层级的项目团队都可能面临数以千计的风险和机遇，更不用提飞机级项目团队了，光监控跟踪这些风险和机遇并且避免重复识别就是一项艰巨的挑战。其次是对风险和机遇的及时和正确排序形成挑战，由于风险和机遇都具有很强的时效性，错过时机，风险就可能转化为问题而耗费更多的资源，机遇也无法为项目带来额外的收益，所以能够及时识别风险、捕捉机遇是风险和机遇管理中既关键又高难度的一项任务。最后是对项目组织风险文化氛围的挑战，当风险和机遇管理活动与实施项目原有进度计划、实现原定项目目标的活动和资源发生冲突时，项目组织中的成员有着放弃风险和机遇管理而聚焦进度节点实现的天然倾向，影响风险和机遇管理效能的真正发挥。

二是风险和机遇的变化十分动态。这是由于现代商用飞机项目本身对外界环境（包括市场、政策、适航法规章程等）特别敏感，任何细微的调整和变化都会对项目的顺利实施造成或大或小的影响，有时候甚至是不可逆的影响。当年"协和"式超声速客机在美国运行时，受到政府对机场周围噪声的强力管制，因而无法进一步开拓内陆航线，影响了产品获利的能力。20世纪80年代中美"蜜月期"间，中国通过和美国麦道公司的合作，开始具备大飞机的制造能力，在自发研制大飞机的梦想几乎要实现之际，波音公司对麦道公司的收购以及空客公司退出合作，一夜间几乎使得建立中国商用飞机研发体系的努力归零（参见4.1节）。在目前商用航空制造领域高度市场化、高度国际化的形势下，严重依赖全球供应链的商用飞机研发项目更是容易受到国家之间关系、国际贸易组织政策调整等冲击，必须动态监控、动态调整，以保持对项目的正向支持，否则，无法进行动态监控的项目风险和机遇管理机制可能反过来成为新的风险源，导致额外的问题。从这一意义上讲，一些相对不成熟的项目组织，对实施项目风险和机遇管理有所抵触和不接受也是情有可原的了。

三是风险和机遇的转换频繁。结合上述两个特点，风险和机遇转换频繁的特点也就容易理解了。一来动态变化中的风险和机遇不但在自身的等级、表现形态以及影响后果等方面会发生量变，还有可能发生质变。风险应对不得当就会变成问题，问题又可能带来新的风险；错过的机遇也许就是新的风险源，特别是在和商业对手展开竞争时，不进则退，没有抓住机遇，就可能形成相对的弱势，整个项目风险和机遇的局面又将随之改变。二来因风险导致的危机却有可能产生新的机遇。中国航天几十年的发展历程就是一个非常典型的例子。当美国拒绝中国加入国际空间站建设时，业界也曾有过比较悲观的想法，认为缺乏参与国际航天领域合作的机会将导致中国航天事业发展的落后和停滞，特别是美国国会于 2011 年通过了针对中国的所谓《沃尔夫条款》（国内形象地称之为"野狼条款"）后，中国航天界完全失去了通过 NASA 和美国学界参与国际空间站等国际航天协作活动的机会。但是中国航天人用"置之死地而后生"的气概和钻研精神，反而自成体系地建造了自己的空间站，并在 2020 年底，利用"嫦娥五号"航天器，成为世界上第一个成功掌握从月球背面起飞并回归地球的技术的国家。2021 年"天问一号"成功在火星着陆以及开启自主空间站的运行，更将中国航天水平推向世界一流。所以说，项目组织对于风险和机遇的可能转换以及转换的态势必须密切关注，并妥善加以利用。

四是高等级风险出现的概率高。高等级风险通常是出现可能性高、影响后果大或两者兼而有之的风险。以与进度相关的风险为例，尽管商用飞机研发项目看似有长达十年左右的研发周期，但是基于其高度复杂性，其涵盖的工作可以用海量来形容，相互之间的依赖关系又错综复杂，几乎每个上下进度节点安排都非常紧凑，一旦任何方面的成熟度和配合度有所欠缺或延迟，就会导致不良后果的发生。类似地，这类项目对外部环境的变动十分敏感，哪怕相关变动可能性不大，但是后果严重，比方说一旦某些技术先进的国家实施对关键技术的封锁和贸易壁垒政策，对项目立项和策划时所依据的假设条件的冲击几乎是无可避免的，也因此会导致项目技术、进度、成本、安全等一方面或多方面出现风险，甚至问题。综上所述，商用飞机研发项目会面临大量高等级风险同时存在，需要同时应对的情况，这甚至会是一种常态。对项目组织管理层而言，面对这种常态如何合理分配资源，有效地在大量高风险等级风险中妥善排序，按需处理，同样是一个无法回避的挑战。

五是机遇捕获非常困难。虽然说要把危险的境况转化为有益的机遇加以充分利用，一方面为项目实施争取额外利益（资源、收益、口碑、市场等不一而足），另一方面也能够对冲一些无法规避或转移的高等级风险[1]所带来的负面效应；但是捕获和利用商用飞机研发项目机遇，本身就是一项新的挑战，尤其是对尚未熟悉这一领域，机制、体制仍在逐步建设和完善的国内商用飞机制造行业而言，甚至可以说是一种"可遇而不可求"的境界。目前全球商用飞机市场被美国波音和欧洲空客两个巨头高度垄断，市场的运作非常规范，准入门槛高，商用飞机的运营十分成熟，项目机遇出现的概率相对比较低，而有限的机遇基本上都能被垄断集团所预测或及时捕获。极少数情况下，比方说波音737MAX在5个月内的连续2起重大空难事故，能够使空客公司及时得益，但前提是空客公司有着具备了相似竞争力的产品——A320neo系列以及足够的生产能力。在波音737MAX停飞期间，除了空客公司，尚没有其他任何一家航空制造企业、任何一款商用飞机能够填补波音737MAX留出的市场空当，足以说明在该领域捕获机遇的困难。而即便是似乎能够通过这一机遇领先波音公司一个身位的空客公司，在接下来的全球新冠肺炎疫情的影响下，也没能充分用透，得益有限。上述例子也充分说明了前几个特点：动态变化、转换频繁。此外，机遇永远青睐有准备的人和组织，不够成熟，甚至连识别机遇的能力都不具备的话，就无法保证同时满

---

① 不论国内还是国外，国企还是私企，在开发商用飞机产品的过程中，都会或多或少地遇到一些刚性需求或进度节点不可调的情况，这一类风险无法应用常规手段缓解，很多时候甚至只能被迫接受，如果没有其他调和渠道，通常就只能等着风险变成问题了。这也是历史上商用飞机产品的研发很少能够按原定进度节点收尾的原因之一。

足"天时、地利、人和"的机遇捕获原则。

六是项目失败风险高。纵观整个现代社会各种项目研发的结果，大部分项目是因为完全或部分达不到预定的目标就终止了的。而对于商用飞机产品研发项目，其失败风险一样居高不下。进行简单的网络搜索就可以看到，自第二次世界大战后，第一款喷气式客机——英国的"彗星"号问世以来，美洲、欧洲、亚洲的大小飞机制造商开发了不下50种/系列的喷气式客机。但是现在主流的、仍在生产的机型越来越集中在少数企业，绝大部分产品项目因各种原因而失败，导致其生产厂商退出了商用飞机市场（例如洛克希德·马丁），甚至消亡（例如麦克唐纳·道格拉斯）。这只是喷气式客机的数据，螺旋桨飞机的市场和产品发展状态更加窘迫，这些都表明在商用飞机制造领域的生存压力有多么大，其产品研发项目有着天然的高失败风险。

## 3.3 商用飞机制造业风险和机遇管理的发展趋势

就是因为商用飞机制造业项目风险和机遇管理有其特殊的行业特点，其他行业的工具方法不一定可以照搬使用，所以出于自身发展过程中对项目风险和机遇管理的需求，本行业也逐步从理论和应用两个方面有针对性或自适应性地发展。下面就理论和应用这两个方面来观察和总结一下。

### 3.3.1 风险和机遇管理的理论发展趋势

从理论发展来讲，商用飞机制造业基本上秉承通用的风险和机遇管理理论发展的方向，尚没有在本行业中出现太多的专用理论和规律性的研究结果。毕竟商用飞机制造业本身是一个讲究实际的工程应用行业，总结和提炼原理、理论以及发现新的科学规律等，本来就不在其主要关注范围内。不过，在本行业实际应用的过程中，笔者认为有三个偏理论方面的发展趋势值得关注。

第一个发展趋势是将项目中的机遇及机遇管理提到与风险及风险管理同等重要的地位。如前所述，国际公认的质量标准体系 ISO 9001：2015 明确将机遇定义为"产生正向影响的风险",而在理论体系方面一向追随 ISO 9001 的航空航天业质量体系标准 AS 9100:2016 也几乎同步将机遇及机遇管理的要求纳入,在本行业全面推行风险和机遇并重的质量管理机制。其中最为明显的理念核心是从单纯的风险管理(risk management)向基于风险的思维(risk-based thinking)转变[8],强调既重视风险带来的消极影响,也关注机遇创造的积极影响,充分利用时间、空间、技术、资源、市场等维度上的差异,使风险合理受控、机遇被适时捕获。这一发展趋势在下述实例中得到了充分的证实:据官网报道[24],2020 年,在全球疫情快速扩散、国内疫情常态化防控的时刻,中国商飞公司正视风险、抓住机遇,通过转变工作思路、创新工作方法,融合运用视频、机器人等新技术,推动型号研发、飞机生产、运营支持各项工作。其中包括基于前期 5G 创新的探索,推出远程试验目击平台,在 4G 网络下已可支持 6 个用户同时通过手机、电脑、增强现实(AR)眼镜等终端接入,有效缓解了局方人力资源紧缺的状态。2020 年 4 月 17 日,局方在上海的审查代表首次使用该平台,远程目击了中国民航局第二研究所开展的 C919 飞机辅助动力装置(APU)防火墙抗火焰烧穿试验,获得成功。在利用机器人技术降低人员聚集风险方面,应用了自行开发的基于 AR 的连接器辅助装配系统,辅助操作人员进行线缆连接器端接以及端接完成后的检验核线,在有效提高工作效率、保证工作质量的同时,将操作人员从 3 人减少到 1 人。采用"现场+线上"模式,以现场操作加远程视频的方式对国外供应商交付的产品进行"云验收"等。上述例子充分说明了危机完全可以带来机遇,充分展示了对新工具、新技术和新方法的落地应用产生的积极推动作用。

第二个发展趋势是将项目风险管理有机地融入全面风险管理范畴。全面风险管理本身也孕育着深厚的系统工程思想。想当年,笔者大学毕业后第一份工作是研发火箭发动机,但是当满怀激动的笔者看到著名的火箭一级液体发动机的实物和图纸时,却无法将想象中的高大上科技和眼前简单,甚至近乎"简陋"的设计联系起来。随着工作阅历的增加,笔者才逐渐明白,先进技术的应用在高科技项目研发中固然重要,但风险控制才是最根本的保障项目目标实现的手段。航天领域对高可靠性的无止境追求对笔者而言是另一类的高科技,其真正讲求的是朴素的系统工程理念——全局最优，牺牲小我，成就终极目标。这一点，也值得与包括航空制造业同仁们在内的所有工程技术人员共勉。本行业也有类似的例子，由一群科技发烧友建立的科技新闻和评论网站 GIZMODO 曾报道[25]，一家名为 Pen Test Partner 的网络安全公司在 2020 年的 DEF CON 大会上展示了一段英航波音 747‑400 飞机的维护视频。视频中，机务人员仍旧使用老式的 3.5 英寸软盘进行航电软件和数据库升级，这引起了新生代"网络达人"的浓厚兴趣和积极讨论——从信息安全技术角度出发，很多人认为这种方式对信息保密是有效的。同一报道中还明确地指出，先进技术本身不是安全的绝对保障，所举的例子就是波音 737MAX 的 2 起致命事故。与之相比，投入运营已达 32 年之久的波音 747‑400 型，飞行次数超过 842 万次，但仅发生了 2 起乘客死亡事故，两者之间的安全差距明显。全面风险管理其实不是新概念和新名词，在国内，国务院国有资产监督管理委员会（国资委）早在 2006 年就已经将全面风险管理的要求纳入国有企业的管理要求中，近年来更是对这方面加强了监督、指导和促进（具体可参见5.2.3 节）。就国外同行业而言，加拿大庞巴迪宇航公司在开发 C 系列客机（现已被空客公司收购后重新命名为"A220"）的过程中就使用了全局风险管理的做法。庞巴迪的全局风险管理和上述全面风险管理的不同之处在于前者的对象是整个 C 系列产品的开发活动，而后者的对象是企业活动。值得读者注意的是，虽然庞巴迪的全局风险管理仅针对 C 系列产品，但是其对象已经从单一型号、单一项目的范畴扩展到了系列产品、项目群。此外，其关注的内容从项目风险的范围扩展到了市场及竞争、项目运营、合作伙伴及供应商、人力资源、项目融资、宏观经济、国际/国内政治形势、信誉、法律法规等 9 个方面[26]。其中项目融资、宏观经济、国际/国内政治形势和信誉等 4 个方面明显是传统项目风险管理机制，特别是中国商用飞机制造领域产品研发项目所不常涉及的。所以，虽然被定位成 C 系列客机研发项目级①，其却已经具备了全面风险管理的基本特征，可以算是

---

① 经与原作者联系，邹海宁确认文章中的项目级英文原文用的是"program"。由于庞巴迪同时使用 program 和 project，有合理理由认为 C 系列是基于项目群的管理，因此其风险管理体系是面向多项目的体系。

"准全面风险管理"的应用实例了吧。

第三个发展趋势是以风险管理的手段和工具驱使（drive）和带动（lead）项目的实施，项目伊始就用风险管理全面贯穿项目实施活动。最新版的 PMBoK 指南以及其他流行的项目管理理论进展普遍推荐将项目的风险和机遇作为项目策划的核心（见表 1-2）。这一点理解起来也不难——围绕着项目目标的实现，项目管理者需要辨识可能对项目目标产生消极作用的风险以及产生积极作用的机遇，并且在整个项目实施期间，不断动态监控、管理这些被识别的风险和能够捕获的机遇，消除其消极影响，利用（exploit）其积极影响。如果风险和机遇管理的手段应用得当并到位，项目实施就是一个发现隐患、控制隐患、消除隐患（可能来自对机遇的积极捕获）、达成最终目标的过程，并能保持良性的循环。现实中，本行业的项目实施会更多地以隐患转变为问题并暴露出来之后，被动应对、四处救火的过程呈现。由于欠缺前瞻性和应急预案的管理，因此负面的影响往往会像滚雪球一般，使问题一连串地甚至是没有规律地爆发，导致越发难以应对并时刻充满挑战，被迫陷入"仓促应对—打乱计划—资源短缺—新问题—重复应对"的恶性循环。在此场景下，即使有心实施正向的风险和机遇管理，也会变得力不从心，更不用说精心策划了。既然我们都明白理论源于实践，那么该风险管理理论的发展趋势就是在提醒商用飞机研发项目的从业者们，应该积极主动、郑重其事地将风险和机遇管理尽早应用于项目启动阶段甚至前期论证策划阶段，从而减少实施过程中出现无谓的惊奇甚至惊吓，以至管理失控的情形。

### 3.3.2 风险和机遇管理的应用发展关注点

结合上述三点理论发展趋势，笔者认为还有以下这些具体的发展点或者说是实践方向值得同行们关注。这些关注点包括供应链风险管理的集成、风险共担模式的应用、使用面向六西格玛的设计（design for six sigma，DFSS）降低全研制链风险、风险和机遇的量化手段、创新过程中的风险管理、技术成熟度风险的规避等。

第一是供应链风险管理。2003 年，英国航空制造业针对本行业供应链，特别是国际供应链的脆弱性进行了研究，提出应采用积极有效的风险管理手段，以保障并提高企业在面临自然灾害、意外事件、政治和战争造成的国际贸易风险时的应对能力和复原能力[27]。在当下全球新冠疫情常态化，中美政治和贸易冲突，国际地缘政治格局频繁发生变化的大环境下，该研究的价值尤为凸显。研究表明，航空制造业供应链经理们对项目风险的理解存在着一定的误区。一方面，他们往往仅关注企业管理实践和制造流程中的负面影响，并将其作为主要的风险源，比如企业的战略供应商和消耗品管理流程、基于成本的决策、严苛的质量需求、交付节点的遵从、客户-供应商关系等，更重要的是，他们经常将焦点放在"价格"而不是"成本"上；另一方面，技术开发、质量和性能不断提升带来的成本压力使得航空制造业不断全球化、供应链不断扩大，而政治及地缘政治的影响以及其他市场化的驱动因素也加剧了供应链网络的调整和重组，从运行层面讲，上述两个风险源对提高供应链管理效率会产生拖后腿的效应。被访谈的供应链经理们认为，航空制造业的供应链似乎从来没有达到过一个稳定且成熟的状态。由于总是处于不断的变化之中，因此源自技术更新、全面质量管理等持续完善行动以及降本增效的压力使得航空制造业供应链的变化成为一种常态。供应链经理们声称他们的大部分时间是在从事供应链变更管理工作，而较少有时间处理供应链策划以及供应链管理①。然而，供应链风险管理恰恰存在于上述后两个过程中，因此航空制造业对供应链风险管理范围认知方面的缺失也不足为奇了。要解决这个问题，特别是在航空制造业已经面临着繁复的内外部规章制度约束的前提下，充满了挑战。该研究的建议是利用现有的管理工具，最大限度地增加供应链风险信息在全供应链中的共享，并完善供应链管理人员对项目风险的认知。上述研究也从侧面证实了目前在国内商用飞机制造业普遍存在的供应链管理困境。在供应商数量大幅增加（其中既包括市场经验远超国内主制造商的国外供应商，也有需要大力扶持带动的国内中小型制造商）的情形下，常规的和传统的，源自计划经济的供应商管理（还算不上供应链管理）经验、手段和方法往往很难奏

---

① 这措辞是否显得非常熟悉？放在其他项目管理要素层面，似乎都有这样的共性：成天忙着调整、忙着救火，却发现不知道为何而忙、为谁而忙了。

效，需要有与时俱进的创新和突破。

第二是目前被本行业普遍采用的"风险共担合作伙伴（risk sharing partner，RSP）"模式应用过程中风险和机遇管理。风险共担合作伙伴是20世纪90年代起，在商用飞机制造业中逐步兴起的一种商用飞机研发模式，其宗旨是降低主制造商的先期投资以及对大宗信贷的依赖。按照2007年来自巴西圣保罗的几位经济学研究者的说法[28]，RSP不同于常见的合资（joint venture）、公司之间的技术协作（外协）、并购或转包、外包等形式，RSP通常是商用飞机产品的供应商深度参与到主制造商产品的研发过程中，并因此获得一部分未来产品销售收入的合作模式。这种模式的优势除了合作伙伴会替主制造商承担一些早期开发费用之外，也可以在主制造商和供应商之间促进并行工程的开展、减少返工量、同步研发节点以及提高沟通效果等。以巴西航空工业公司（Embraer）当年投资ERJ－170/190为例，虽然仍定位于支线飞机市场，但是其型号产品的目标市场（100座级）已经进入业界巨头波音和空客的短程单通道喷气客机的势力范围，研发这一系列产品显然是个风险决策。最终巴航工业的应对手段是联合16个风险共担合作伙伴，包括发动机供应商美国GE航空、航电系统供应商美国霍尼韦尔（Honeywell）、起落架供应商德国利勃海尔（Liebherr）、中机身舱门供应商法国拉泰科雷（Latecoere）、尾部后机身供应商西班牙歌美飒（Gamesa）、机翼和活动面供应商日本川崎重工等，并且基于一个所谓的"集成组织"的新标准，对RSP进行有效管理，在成员之间形成一个知识、研发和技术创新的互通网络。其不但为所有成员提供必需的项目经费，而且使成员们共担研发风险和不确定性。总结巴航工业在ERJ－170/190项目上运用RSP的成功经验，有几条特别值得国内商用飞机制造企业深思。第一条就是主制造商必须要苦练"内功"，成为真正的领袖，牢牢掌握并紧密关注核心竞争力。在主制造商产品集成能力和核心竞争力掌控水平与合作伙伴之间存在较大的代差时，运用RSP应该慎之又慎，以免失去主导权。第二条是重视更大范围的团队管理，为RSP双方制定双赢的合同约定，使得风险共担、利益共享能够真正地落到实处。目前国内商用飞机制造企业已经普遍接受并采纳"集成产品团队（integrated product team，IPT）"的研制项目组织模式开发新型号产品，但是常年基于职能工作模式的工作流程和习惯不是一朝一夕就能调整过来的。IPT 要求将项目的利益攸关方带入团队一起工作，这些利益攸关方包括客户、供应商、监管机构、维修机构等原先只在产品快要交付时才参与的对象，这对 IPT 管理提出了极高的要求。再加上 RSP 的深度融合要求，对现有的项目管理能力、水平及流程工具是非常严峻的考验——万一团队管理不到位，其结果不但达不到采用 RSP 模式期望的缩短研发周期、减少政府投资依赖、捕获不同国家和地区的市场机遇（通过来自不同国家和地区的合作伙伴关系实现）等目标，还面临着产生全新风险的可能性，增加了研发项目的实施难度。第三条是在引进 RSP 的同时，减少供应商的总量。巴航工业开发 ERJ－170/190 时将供应商总量从 ERJ－145 时期的 400 家大幅减少到 40 家，减幅达到 90%。实施这一战略步骤的目的是通过与业内最好的厂商合作，降低管理成本，提高产品质量，减少供应链风险。对于巴航工业来说，RSP 以及其他被选中的供应商都成了企业的战略伙伴，在型号项目研制过程中共同进退。这种较为紧密的合作关系有利于降低项目的整体风险。不过，国内商用航空制造业整体实力仍然偏弱，主制造商又往往肩负着带动航空产业链发展这一项目研发之外的社会责任，如何在企业责任和减少实质供应商总量之间达到有益的平衡，是另一个专门的课题。

第三是如何降低全研制链的风险。近年来，"质量是设计出来的"这一理念逐步深入中国商用飞机制造业从业人员的心，对产品的设计质量及其对最终产品质量的影响的理解有了质的提升。那么，风险和机遇是不是也可以通过设计来管控呢？我们可以从以下角度适当设想一下——设计方案的反复在产品研发阶段是常见的现象，也十分正常。不过对于整个项目而言，每一次的设计更改（导致设计方案反复的主要原因）都伴随着额外的成本支出和进度调整，特别是原始项目策划活动中没有规划过的设计更改，往往会引起小到进度延迟、经费超支，大到项目范围和目标变更的不利影响，对于商用项目而言，有可能是无法接受的。设计更改的原因很多，减少不必要的设计更改，特别是项目中后期的大范围设计更改是有效控制项目风险的重要举措。2011 年，韩国宇航工业的研究人员提出了针对整个型号项目，在产品开发阶段推广使用面向六西格玛的设计（DFSS），并结合精益（lean）在全研制链上降低项目风险的建议[29]。DFSS 的理念兴起于倡导六西格玛治企文化的美国通用电气公司（GE）。1995 年，GE 的医疗系统部门首次将原先用于生产和服务流程优化的六西格玛方法应用到一种新的小型 CT 扫描仪开发上，获得巨大成功，并随之将 DFSS 推广到公司其他业务领域。近四分之一世纪以来，汽车业、精密制造业等高科技行业的公司应用了包括 DFSS 在内的六西格玛方法和工具，并取得积极效果。商用飞机制造业对 DFSS 和精益的应用并不算晚，例如美国的波音和洛克希德·马丁在 20 世纪 90 年代中后期都在自己的公司里推行过相关方法与工具，只不过名称略有不同，甚至包括引入 DFSS 的理念。不过，这些同行公司的精益和六西格玛活动主要是针对研制项目中后期或者运营期间的产品和流程优化[30]，许多 DFSS 黑带项目关注的对象只集中于系统或以下层面，相互独立并隔绝，基本上没有项目级的 DFSS 应用实例。为什么在传统航空制造业大量使用经典系统工程理念指导并在产品研发过程中实践，且取得显著成绩的同时，需要强调 DFSS 的作用呢？虽然系统工程在航空制造业早已深入人心，并且在许多场合运用得得心应手，但是多项实例表明系统工程往往受到预算超支、进度延期的拖累，无法提供更有效率的结果，需要在经典系统工程的做法上进行完善，而 DFSS 则提供了这样一种机会和工具。研究表明，现有的飞机产品研发的投入大部分消耗在产品后期的测试和试飞支持等活动中，减少前期的设计反复和提高产品方案的稳定性能够大幅减少后期昂贵的测试和试飞内容。同样地，更有针对性地运用 DFSS 的"主动设计"可以有效降低现有所谓"被动设计"①带来的项目层面的不确定性和负面影响，并且将项目收获期显著前推。韩国宇航工业的这份研究还将项目层级的 DFSS 应用定位于防范问题的发生，将项目群层级的 DFSS 应用定位于提高客户满意度，也正好与本书对项目和项目群的定义相吻合（见表 1 - 2）。值得欣慰的是，中国商飞公司现在已经正式将 DFSS 纳入项目研制的工具方法集，并且结合公司的系统工程与项目管理体系过程的开发和完善，进行有针对性的推广及应用。在可预见的未来，其对中国商

---

　　①　这里，"被动设计"指的是项目在产品设计需求未能充分捕获或者没有规划足够的捕获范围/时间时，所形成的边设计边更改，随时发现问题随时改的设计模式。

用飞机的研制开发进程必将产生正向的推动作用。

第四是注重风险和机遇的量化手段。本书基于编写初衷（见"前言"），不会涉及太多关于风险和机遇量化的理论、计算方法、公式及使用方面的内容。但是量化风险和机遇，并且在此基础上结合信息化和人工智能，对项目运作状态和发展趋势做出定量预测和预警，是项目风险和机遇管理必将面对的发展方向，越早研究并落地，对商用飞机制造企业而言，越能获得相应的竞争优势。这里简单介绍一个基于价值导向的商务风险管控的实例，来源于美国麻省理工学院（MIT）2006 年的研究[31]。该研究是针对每一款商用飞机型号必有的重要设计指标"最大起飞重量（GTOW）"在"多学科设计优化（MDO）"场景下的风险评估。不同于传统的 MDO，这次评估的前提是面向价值，也就是说优化的结果需要满足投入-产出比的基本要求，是对传统的纯工程设计思路的挑战与突破，并且完全符合商用产品对项目目标管理和实现手段的需求。研究所采用的体现价值的指标是"净现值（NPV）"，MDO 的要求是经过设计优化实现最大的 NPV。为了实现上述目标，研究将工程优化设计模型（包含多个常规的性能指标随飞机尺寸、巡航速度、航程等变化的规律）与财务模型相交联，得出了每 1% 性能参数的变更可能带来的技术和财务方面的影响，并以此为基础对 MDO 的技术风险和商务风险进行评价。通过 NPV 对每个设计指标变更的敏感程度，最终决策一个既满足性能设计要求，也符合商务利益最大化的设计方案。例如，研制费用每增加 1%，将使飞机价值降低 0.71%，如果综合其他指标，则在飞机价值能够承受的范围内适当调升研制费用便是可行合理的；反之，则不应当进行类似的更改，以免付出更多却收获更少。本书不再介绍具体的计算和评价方法，有兴趣的同仁们可以自行检索相关文献。笔者在这里要表达的是，一方面，作为商用飞机制造商，风险和机遇的管理也要有效地跟"商"挂钩，不能仅仅满足于技术和工程方面的应用；另一方面，不同于现在市场上很多风险管理工具书介绍的纯理论量化方法，这个研究提供的思路和工具不但简单而且实用，也没有那么多复杂、看上去高大上的公式（当然还是需要建模），说明走应用的道路是可行的。

第五是关注创新过程中的风险管理。创新是发展的原动力，航空业、民用航空到商用航空制造业的发展历程就是典型的创新历程。早年（从飞机的诞生之日到第二次世界大战）追求的是"更快、更高、更远"；中期（第二次世界大战之后到20世纪末期），特别是在民用航空领域，追求的是"更好、更快、更经济"；而近二十年来则追求"更安静、更清洁、更环保"[32]。可以明显地看出，每一次口号的变化既是行业目标的调整，同时也催生了人类永无止境的创新智慧和潜力。航空业在这不长的百年中一举改变了人类远程出行的模式，给世界格局带来根本性的深远影响，离不开持续的创新和自我变革。聚焦到具体的商用飞机研发项目上来，特别是中国商用飞机制造企业面临的局面——强敌环绕、遏阻不断、壁垒重重，有外部环境带来的，也有自身能力造成的，离开了创新只会距离世界一流的目标越来越远，所以在项目研发上创新是必然而为的事情，没有需要论证的空间和时间。通过创新发现并把握新的机遇也是项目机遇管理的范畴，但是凡事都有两面，创新也必然带来风险，如何提前应对？答案是项目风险和机遇管理的手段也要适时创新，并且在创新的同时有效控制风险、把握机遇。爱尔兰一所大学关于飞机设计创新的文章提供了一种基于创新的项目风险和机遇管理的思路[32]。该文章认为，虽然商用航空制造业常常在技术进步和高可靠性需求之间徘徊，寻求平衡点，以至于技术发展只是渐进式地演变（evolution），但是只有技术创新才能带来飞跃式的进步（leapfrog），并提供机遇。然而，技术创新往往建立在不成熟，甚至是未知其所以然的基础上①，其高风险是显而易见的。不过项目实施过程中需要注重保护那些源自工程技术人员的、近乎天然的创新动力和对看似不合理现象的宽容度。文章建议航空制造业的生存理念应当从"开发技术"层面转变到"如何制造产品"上来，在形成风险文化的前提下扶持和鼓励创新，让风险和机遇管理的流程工具方法去及时捕获技术创新风险，并设置相应的应对机制和应急预案（Plan B），同时防止假借风险之名任意压制能带来明显好处的技术创新。该文章提到了项目风险管理机制应对技术创新风险的一个极

---

① 原文中引用的"工程师们经常不知道某些设计方案为什么能成功，但就是这个样子（engineers often did not know why something worked, just that it worked）"，不禁让笔者莞尔——确实，很多工程设计理念和方式并不能完全追溯到已知的科学原理，或者到达黑白分明的地步，经验和积累在其中扮演了不可或缺的角色。而新兴的技术和创新的做法（out of the box thinking）就更具有这样的特征了。

端，笔者认为在中国商用飞机制造领域的大环境下，也要防范另一个极端——为了赶超世界先进水平，在有限的项目资源和周期内，仓促上马和使用不够成熟及短时间内能力无法提升到满意水平的新技术和新工艺；与此同时，又不对相关风险进行充分辨识和分析，缺乏应对和应急手段，最终导致四处起火、被动应付的局面。

第六个关注点顺延上面的话题，简单讨论一下技术成熟度风险的规避。业界通常使用美国国防部（DoD）及 NASA 建立和发布的九级"技术准备等级（technology readiness level）"，对在商用飞机研发中应用的工程技术的成熟度进行评价。一般在政府采购项目中，要求工程技术的技术成熟度达到 6 级（在相关工作环境下完成系统/子系统级模型或样机演示）或以上[32]，因为较低的技术成熟度意味着项目技术风险的增加，以及为提高技术成熟度导致的额外项目资源及时间的投入。对于商用项目，较多的投资意味着回报率的降低，较长的时间意味着进入市场时机的延迟，需要审慎地评估、权衡及决策。但是，如上文提到的，缺乏技术上的创新和发展对于商用飞机项目也是有害的。鉴于商用飞机项目研发周期较长，如果采用的技术缺乏前瞻性，则可能面临产品一服役便落后的情形，这是另一种风险。所以采取成熟度不到 6 级，但是能对产品的性能产生质的变化、显著提高竞争力或者降低成本、缩短研制周期的技术，在商用飞机研发过程中也屡见不鲜，例如早年 A320 全电传控制系统、大范围机体复合材料的应用，波音 787 的锂电池技术等。这就带来了如何尽可能规避或缓解项目技术成熟度风险的问题。传统的做法是在研制前期加强系统工程的投入和力度，严格按照系统工程双 V 流程自顶向下分解、确认需求，然后自底向上集成产品并验证，每一层级产品的策划、设计、制造和测试都服从于单一循环，大部分工作并行开展。对商用飞机这样的高度复杂产品，这种做法不但耗时耗力，而且不一定能够保证所有的需求都能确认验证到位①，更不用说引入低成熟度技术之后带来的新风险和额外的投入及时间的耗费。有一家航空航天企业在解决这一棘手的问题时表现

---

① 尽管理论上可以做到，但是在项目实施过程中海量的需求变更，来自项目资源和进度的压力往往让很多工作有意无意地打了折扣，无法完全践行系统工程的理念。

出色——不同于传统的由政府主导的航天企业，SpaceX 是完全私营的航天公司，在短短的十几年时间里，借助私营公司的体制及流程的灵活性，更基于其创始人埃隆·马斯克及其团队对航天的激情和不断打破常规的创新动力，从无到有，快速建立起系列化的运载火箭和太空飞船。SpaceX 不但是 NASA 数个民间火箭运输承包商中第一个实现向国际空间站运送补给任务的，还在 2020 年成功将两名美国宇航员运送上国际空间站并使其安全返回，结束了美国在航天飞机退役之后没有自有载人航天器的尴尬局面。SpaceX 的返回式可回收一级运载火箭是经常被航天界津津乐道的技术创新之一[33]，而该公司就是靠大量的类似创新走到了今天。那么 SpaceX 是如何应对大量技术创新带来的项目风险的呢？2012 年，在 AIAA 的 Complex Aerospace Systems Exchange（CASE）国际会议上，SpaceX 的员工分享了他们在系统工程应用方面的经验[34]。首先，SpaceX 明确表示系统工程理念不能放弃，这是该公司保证产品成功、使用安全的前提和基本信念。历史事件不断证明人类在开发新产品的过程中并不善于预见所有关键的系统集成问题，需要依靠严格的符合系统工程理念的流程和工具，以保证研制前期系统工程工作到位和快速迭代出产品的目标之间达到动态平衡。虽然理念和目标不能改变，但是做法上完全可以创新。SpaceX 的系统工程流程是基于快速迭代，并通过每次迭代产生的样机试验消化、理解新产品的真正需求和技术诀窍①，从而避免了在技术创新初期，因为缺乏足够的理论和实践认知而导致的系统工程策划不够精细及缺乏足够针对性的问题，将技术创新带来的风险通过反复的试验和产品迭代一一缓解。SpaceX 活用系统工程的成果给我们带来的启示是，管理手段和工具的创新可以在很大程度上有效缓解技术成熟度风险，甚至完全规避这类风险。不过在管理创新的同时，守住初心也是必不可少的一环。

### 3.3.3 国内风险和机遇管理的发展趋势

相对于上述国外近年来商用飞机制造领域项目风险和机遇的发展趋势，中国

---

① 这从 2020 年下半年 SpaceX 在研发火星航行的重型火箭 StarShip 的过程中也能看到，其原型机共策划了 28 台，但是都是按部就班地逐步成熟，甚至在不同试验条件下有意引爆。

国内的相关发展不算很快。一方面对于舶来品，都有一个从陌生到熟悉，然后有针对性选择的过程；另一方面，又需要根据自身发展的阶段、所处的国内经济体制、企业文化和特点，有的放矢地加以完善甚至定制。整体接纳并全面应用项目风险和机遇管理的理念、流程、工具和方法不是一朝一夕的改变，更不是简单的复制。从项目运行的最低层面来讲，项目风险和机遇管理的发展首先需要结合项目管理发展的状态，顺应国内商用飞机制造业项目管理发展的趋势，逐步成熟完善。比较鼓舞人心的是，通过一些有力证据，从侧面可以看到以下几点有利的发展趋势及发展契机。

从中国商用飞机制造领域的大环境来讲，国有企业在其中承担了绝大部分的工作，并且在可预见的未来仍将发挥主要的作用。党的十八届三中全会提出了"积极发展混合所有制经济"，究其实质，笔者认为就是让之前在计划经济体制下占主导地位的国有企业在更加符合商业经营的轨道上，继续作为社会经济发展的重要载体，为整个国家的市场化经济改革发挥更大、更有效的作用。国内的学术界和理论界一致认为，国有企业混合所有制改革的关键在于市场化改革，通过市场化机制打破现有的行政垄断。这样一来，成为企业家的企业领导人才能得到合适并足够的驱动力去推进具有市场竞争力的一流产品，而这些产品也才有可能依照市场化的要求进行开发。因此，对于商用飞机研发而言，第一个有利的发展趋势就是走市场化路线，进行面向商用飞机市场的改革。走市场化路线的企业中高层管理人员会更加愿意接轨研发商用飞机的通用规律，使用主流的研发流程和方法，面向进入竞争市场的产品开展项目活动。

第二个发展趋势与引领并实施市场化改革的人直接相关。也有专家更直接提出，为了实现市场化，混合所有制改革路径的突破要注重人力资本在其中的作用，政府应放弃对国有企业人事的行政垄断权，而大力采用市场化机制中职业经理人管理企业的模式[35]。同样地，对于商用飞机研发项目而言，采用项目管理职业化制度（职业经理人制）有着类似的作用，而且在很多层面比国有企业领导人实现职业经理人制更容易，也更为现实。国内商用飞机研发的传统是在早年总设计师负责制的基础上，采用"总指挥系统+总设计师系统"的所谓"两总"

系统模式进行管理，近十几年以来才开始学习和引进业内比较先进的项目管理手段，建立临时的集成产品团队（IPT），采用项目经理负责制来加强横向沟通，打破职能壁垒。虽然本书不是介绍项目组织和人力资源管理的专著，但是典型的国内商用航空制造企业没有太多的独立项目团队研制经验，项目管理的理念、工具方法也是近年来才逐步为大家所熟悉，尚未摸索出一套真正实用且高效的项目管理机制。特别是项目经理人才普遍短缺，各级项目经理人选通常由企业从原职能部门领导岗位或关键技术岗位抽调或指派。这种行政指定方式虽说可以在短时间内组建一个项目团队，但是存在两个无法回避的结果：一是进一步削弱了原本已显不足的技术骨干力量，造成变相的人才浪费；二是简单的头衔改变和短期培训不足以使得新任项目经理们及时掌握足够的项目管理要领，更无法补足需要长久积累的项目管理经验以及洞察力，相当数量的新项目经理在面对项目进度压力的时候很容易习惯性地按照原来技术管理的方法去处理，可能造成变相的人才和资源浪费。如果能实现项目管理职业经理人制，则既符合"专业人干专业事"的原则，也能保留培养不易的大量工程骨干和技术领军人物；同时，由职业经理人主持开发与项目管理相关的工具平台也能起到事半功倍的效果。当项目管理的氛围和环境逐步成熟并走上正轨之后，风险和机遇管理才有机会真正落到实处，开花结果。

国内商用飞机项目风险和机遇管理的第三个发展趋势是国际贸易风险的应对成为不可避免的课题。无论是近两年来以中美贸易争端为代表的国际技术领先国家对中国商用飞机制造业的遏制和防备，还是长期全球化过程中来自各个方面、各个层级、各种形式的摩擦、垄断和反垄断、知识产权保护和反知识产权行为等矛盾和冲突，都将成为常态。如果不重视甚至忽视这一类风险，缺乏甚至没有应对这类特殊风险的人才、机制和办法，则项目研制可能遭受致命打击。出于种种原因，国内商用飞机制造商们目前更多的精力和资源仍集中在解决飞机产品有没有、能不能飞、能不能取证方面，尚未看到十分体系化地应对国际贸易争端风险的管理机制和组织形式，一般情况下仅仅依托现有的职能部门，例如法律部门或采购部门，按照一事一办的形式处理，效率较低、共享性较差、基本上不具有针对特定项目的前瞻性策划。从这个角度来讲，国内商用飞机制造企业或项目管理团队亟须建立、健全这方面的体制，解除项目团队在实施过程中的后顾之忧。

另外的发展趋势和契机还包括及时开发有针对性的、更适合商用飞机制造业使用的风险和机遇管理工具及方法，并且利用信息化技术与企业信息化平台全面接轨。如同2.1节中所展示的，风险管理的理论、方法最早来源于金融保险业，很多相关的计算模型和工具是基于金融保险业的要求、规范和行业运行场景设计开发的，不一定适合制造行业，更难以直接应用于商用飞机制造领域。在国内引进风险管理概念后，也陆续引进了一些风险管理的常用工具（例如SWOT法、蒙特卡罗模拟法、德尔菲分析法等），但是缺乏真正适合商用飞机研发项目的工具。由于中国商用飞机研发项目的开发环境与国外差别较大，很难有能直接使用的工具，因此在面对商用飞机这样高端、复杂的产品研发项目时，大量采用人力跟踪、手工操作是不现实的，也无法起到好的作用。据不完全统计，在英国罗罗公司研发Trent 800航空发动机（早期波音777机型的可选发动机之一）时，其与技术成熟度相关的风险就已经达到1 600～2 000条的量级，其中400条为高等级风险，需要采取缓解应对措施[32]，如果全部使用人工管理，则其效果和效率是无法想象的。另外，项目风险和机遇管理信息化工具必须要求与企业的公共信息化平台进行整合，这一点在国资委的全面风险管理指导中有明确要求，详情可以参见5.2.3节。整合信息化平台的优势不仅仅是节约开支、压缩公司运营成本，更重要的是形成单一数据源、统一报送格式，在企业内部规范信息格式，提高信息传递、沟通、解读、分析、预测的效率，为项目及企业运营决策提供一致的依据。强调这一点，跟目前国内商用飞机研发项目的信息化开发方式是有关系的。出于种种原因，如果型号研发项目开发了项目风险管理平台，则一般仅仅用来服务本项目，而其他项目和企业的其他部门通常无法从中直接获益，其结果是低水平地重复投资，同时体现不了经验共享、能力提升的价值。这种做法亟须停止并改变①。

---

① 有关国内项目风险和机遇管理发展突破口的进一步阐述见本书9.4节。

## 3.4 本章小结

本章聚焦于商用飞机制造领域，介绍了商用飞机产品研发项目风险和机遇管理的起源、发展、特点以及主要发展趋势。笔者花费了比较大的篇幅重点讨论在发展中需要国内同行重点关注的以下几个方面：供应链风险管理的集成，也就是在商用飞机产品研发越来越依赖于全球供应链的态势下，如何整合各种手段，有效地防范来自全球供应链的风险并及时捕获相关的机遇；风险共担模式的应用，也就是在这种被行业高度认可并大量应用的研发模式下，如何预先识别潜在的风险，使这种模式能够发挥出其特有的作用；使用 DFSS 降低全研制链风险，也就是如何进一步将系统工程的做法推向深入，通过六西格玛和精益设计降低设计更改频率，为后续过程节省宝贵的试验和试飞资源及时间；风险和机遇管理的量化手段，也就是如何通过定量方法与工具，对项目风险和机遇进行精细化、精准化管理；创新过程中的风险管理，也就是如何让创新带来的机遇最大化、风险最小化，并且在创新和继承之间取得动态平衡；技术成熟度风险的规避，也就是如何通过正确的工程项目管理思维，合理地选用技术成熟度高的，或者能受控的技术，让研制项目按计划实现目标，按节奏产生效益。上述关注点一方面是本行业项目风险和机遇管理发展的趋势性内容，另一方面也是国内商用飞机制造行业产品研发项目实施过程中有所欠缺或存在短板的领域，希望能给国内的从业者们提供一些思路，呼唤一些共鸣。

# 第4章　中国商用飞机研发项目风险管理发展历程

中国商用飞机的研发和制造起步其实不算太晚，尤其是喷气式大型客机的研发。从中国商用飞机制造业喷气式客机研发的第一个"吃螃蟹者"——"运十"项目起算，至今也有半个世纪的历史了。当年，"运十"的立项和启动仅比欧洲的空中客车公司成立晚了一年。本章主要通过对历史的回顾，探究一下中国的商用航空人们曾经做了些什么，对今后的发展道路又会产生什么样的影响。简而言之，中国国内商用飞机制造领域的项目风险管理实践目前还是进行时，虽然取得了一些进展和成绩，但是在实现产品研发项目目标的推动、管理过程的效能方面仍有非常大的上升空间。在关注风险管理的同时，也隐约出现了"只见树木，不见森林"的现象，即过分推崇风险管理理念而自觉或不自觉地使风险管理游离于项目管理的整体之外，造成新的困扰，项目组织的风险文化仍需进一步优化。

## 4.1　中国商用飞机发展历程一览

众所周知，中国现代工业体系，特别是重工业和制造业的主要基础来自新中国成立后苏联的援助。航空、航天这两个由政府主导的高科技行业几乎是照搬了苏联模式。至今，苏联的工业组织结构、产品研发流程、设计理念和标准规范对这两个行业的影响仍然明显。20世纪70年代之前，航空业的绝大部分主力和几乎全部的资源都聚焦在军用飞机的仿制和研制工作上。直到1970年，运十飞机的上马才正式拉开了自主研发商用飞机的序幕。五十年过去了，仅仅比运十飞机研发早一年成立的欧洲空中客车公司迅速崭露头角，成为世界商用飞机市场新贵，并以超越美国波音公司的业绩与波音平分全球大型喷气式客机市场。中国自主研发大飞机的道路却走得艰难而坎坷。好在进入 21 世纪，尤其是中国综合国力快速提升的数十年以来，中国商用飞机行业给国人带来了不少的惊喜。

### 4.1.1 从"运十"到麦道合作项目

中国航空业将 1970 年 8 月正式上马的运十飞机公认为"我国第一架自主研制、具有完全自主知识产权的大型喷气客机"[36]，该机型的成功研制也被认为是开启新中国商用飞机领域发展的重要里程碑。运十飞机研制是在毛泽东主席和周恩来总理的亲自关怀和指示下，在当时中国国力尚弱、民生环境远比今日严峻的形势下的战略举措。据《难忘的运 10——中国第一架大型喷气客机研制纪实》[36]《一个国家的起飞——中国商用飞机的生死突围》[37] 等书，1970 年 8 月，国家正式下达了试制任务，并于同年 11 月，正式命名飞机型号为"运十"，所以该研制项目对外也称"708 工程"。试制地点确定在上海，由上海市主持，空军和第三机械工业部（三机部，中国航空工业部的前身）支援。一开始，研制的思路是对轰-6 飞机进行改装，三发尾吊，但是不久就发现轰-6 改有着不易克服的缺陷，最终参照波音 707 的整体布局，于 1972 年 8 月确定了总体技术方案，次年初开始飞机的全面设计工作。1973 年 6 月，国务院、中央军委批准在上海建立大型客机基地，首批研制 3 架客机和 12 台发动机。值得一提的是，目前世界商用飞机领域的两大"巨无霸"之一的欧洲空中客车公司也仅在 1969 年成立，并开始研制它的第一款大型客机 A300[38]。从时间上看，中国大型客机的起步并不算晚。1980 年 9 月 26 日，运十飞机成功完成首飞，并在其后的 4 年多时间内，在国内多个机场转场试飞，总共完成 121 次起降，飞行 164 个飞行小时，其中包括前后 7 次进出拉萨贡嘎机场并运送大批量货物。运十飞机除了拥有"中国第一款自主研制的喷气客机"的殊荣，创造了众多国内第一的纪录之外，更重要的是首次采用了国际民用飞机适航标准，开创了中国民用飞机领域适航性研究的先河。在中国尚处于"文革"后期、尚未对外开放、国内市场经济的意识甚至还未萌芽的 20 世纪 70 年代，这是非常了不起的创新和冒险。1978 年，党的十一届三中全会开启了改革开放历史新时期。从此以后，中国的经济开始腾飞，发展一日千里。但略显遗憾的是，改革开放的大环境不但没有给"运十"带来好运，反而间接导致了该项目的下马。"自力更生"提得少了，中国民航和取得一定自主权的各航空公司纷纷倾向于跟外国合作，直接购买国外的飞机。特别是1972年美国前总统尼克松访华之后，中国民航业开始批量引进美国飞机，并明确了对国产飞机的抵制态度。1984年10月，航空工业部口头通知主持"运十"研制的上海飞机设计研究所（640所）项目下马。至此，历时15个年头、花费了5亿多人民币的我国第一个大型喷气式客机项目黯然退出历史舞台。目前，"运十"项目仅留下一架整机安放在中国商飞公司下辖的上海飞机制造有限公司位于上海浦东祝桥的园区内。2018年中，笔者还在西北工业大学校园的一个不起眼的角落，见到了已经湮没在杂草中的一节运十飞机的中机身舱段。而在"运十"项目正式下马不久后的1985年3月，上海航空工业公司就与美国麦道公司在上海签署了合作生产25架MD‐82飞机的合同。1989年3月，双方再次签署组装10架MD‐82/83飞机的合作生产协议[22]。

尽管"运十"项目没能享受到改革开放的硕果就曲终人散，国内对于民用航空制造业的发展方向也有所调整，航空业仍然没有放弃掌握商用大型客机研发技术的梦想。按照航空工业官网的说法，1994年1月18—22日，航空工业总公司正式提出了中国航空工业"腾飞计划"——突出主体（航空产品），加强两翼（非航空产品和第三产业），发展经济，振兴航空。这一计划的提出距离"运十"项目下马已有9年之久，而在其官网上没有任何表述，但有着多方记载的所谓航空工业"三步走"的计划，则早在"运十"项目夭折后就开始实施了。第一步是装配和制造部分大型支、干线飞机；第二步是联合设计和制造100座级支线飞机；第三步是在2010年，实现自主设计制造180架干线大飞机的能力[39-40]。与美国麦道公司的合作即是"三步走"计划的第一步。公平而言，麦道公司迫于其自身的市场生存压力，在和中国的合作中还是富有诚意的。麦道公司向中方免费提供了重达五六十吨的全部装配图纸以及一台飞行模拟器，当年总价值接近1亿美元，并将约占机身价值10%的水平安定面、襟翼和6个舱门的生产转包给了中国方面。1986—1994 年，中国装配了 35 架 MD‐82/83 飞机，并返销美国 5 架，飞机制造和装配工艺得到了极大提高，对现代大型喷气客机的设计、工艺、生产计划管理等方面的认识和理解也近乎脱胎换骨，至今仍极大影响着国内商用飞机的研发工作。麦道公司也因此得到了丰厚的回报，截至 1996 年，麦道公司共向中国销售了 39 架飞机，在中国国内市场的份额远超空客公司[41]。

受到麦道公司在中国市场成功的影响，空客、波音以及其他欧美客机制造厂商开始先后接洽中国政府和航空业，谈论合作研制商用喷气式客机的可能性，"三步走"计划的第二步看上去形势喜人。从目前为数不多的非官方资料中，可以看到两个名气远不如"运十"和 MD‐80/90 的项目——MPC‐75 和 AE‐100。虽然这两个项目从来没有制造出任何实质性产品，但是对于培养中国商用飞机研发人员、拓展中国民用航空业者对世界市场和竞争环境的认识还是有着不可替代的作用的。MPC‐75 由当时联邦德国的 MBB 公司在 1987 年提出，是一款先进的 70 座级支线飞机，设计理念极富竞争力。1987 年 4 月，中德双方在汉诺威展览会上联合展出了这架飞机的模型。中方于次年派出数十名技术骨干赴德国汉堡参加项目预发展[40]。这些技术骨干中，有几位已经成长为现今国内大型客机等项目总设计师级别的中流砥柱。但是很快，MPC‐75 项目受限于空客公司发展 A319 飞机的战略冲突等种种原因，中途夭折。到了 1995 年，波音感受到来自空客公司的强势挑战，意欲联合中国、日本和韩国，通过联合研制一款喷气式客机占领亚洲市场。当时这款飞机被命名为"亚洲快车（Asia Express）"，为100 座级干支两用型飞机，简称"AE‐100"。该项目的合作和谈判过程比 MPC‐75 更为复杂艰难，其间历经波折，波音也很快提前退出，最终于 1996 年作为中法两国元首会谈的成果之一，获得空客公司的加盟。1997 年 2 月，国内相关媒体还在兴奋地宣布：AE‐100 飞机"名花有主"，它的合作伙伴已确定为中国航空工业总公司（AVIC）、新加坡科技有限公司（STPL）和由法国宇航、英国宇航、意大利阿莱尼亚公司组成的亚洲国际航空集团（AIA），合资公司总部和飞机总装线都设在中国。飞机将于 2001 年试飞，于 2002 年交付[41]。当时，中国已经和麦道公司开始 MD‐90 飞机的合作生产，2 架飞机已接近完成总装，总计 5 亿美元的 20 架飞机装配原材料也已采购入库。AE–100 项目的签约使得"三步走"计划更见曙光,中国商用喷气式客机的黄金时代似乎已经来临。但是,1996 年底,也就是空客答应参与 AE–100 项目后仅仅 10 天,一起影响世界航空业至今、极大改变了世界商用飞机市场格局的事件发生了——美国波音公司成功并购麦道公司。短短几个月后,波音宣布自 1999 年 7 月起,停止与中国合作生产 MD–90 飞机,空客也立刻毁约,终止了 AE–100 的合作[40]。中国航空业在"运十"项目之后,希望通过对外合作谋发展的雄心勃勃的"三步走"计划至此遗憾地无功而返。

### 4.1.2  国产螺旋桨客机

根据 2010 年刊登在《中国日报》、新华网等媒体上的文章《中国军用大飞机研制需突破三大瓶颈》[42],新中国成立初期,航空工业的主要力量集中在战斗机的研发和制造方面。由于当时中国航空工业不具备生产大型运输飞机的条件,并且空军对大型运输机的需求也不迫切,因此运输机研制迟迟没有受到重视。早期的运输机是仿制苏联的双翼型安–2 的小型运五飞机,但其有效载重仅为 1.5 吨,载员不过十几人。直至 20 世纪 60 年代中期,中国运输机研制才提上日程。1965 年 5 月,洪都飞机公司开始以苏联的伊尔–14M 为原型,放大设计研制中国第一代中型螺旋桨旅客机运六飞机,但在投入 1 000 万研制经费和 2 年的时间后放弃。

运七(中文代号 Y–7)系列飞机的研发,是中国航空制造业发展中的另一个典型,代表了几代航空人的国产商用飞机梦想。运七飞机曾荣获国家科技进步二等奖,并为民航和军事运输的发展做出了贡献。运七飞机民用型为 50 座级支线客机,是中国第一款正式投入商业运营的国产运输机,填补了我国涡轮螺旋桨中短程运输机的空白[39]。它的出现结束了中国民航全部使用外国飞机的历史。

1966 年 4 月,西安飞机工业公司正式启动逆向仿制苏联的安–24 运输机的项目,新机命名为"运七",为双发涡轮螺旋桨中短程运输机。首架运七样机于 1970 年 12 月 25 日首飞。后受"文革"影响,运七飞机的研制受阻停顿,虽然于 1977 年和 1979 年组织了 2 次飞机设计定型鉴定，但由于部分机载成品没有定型，几个试飞科目尚未试飞等，因此国家没有批准设计定型。1980 年，运七飞机完成了换装大功率的涡桨 5A－1 型发动机的论证、设计、生产及鉴定试飞。1982 年 7 月 24 日，运七飞机经军工产品定型委员会批准设计定型，投入小批量生产。在进行了单发起降试验后，1982 年 7 月 30 日，国家正式批准运七飞机设计定型。1984 年 1 月 23 日，中国民航局正式为运七飞机颁发飞机适航证。1986 年 4 月，运七飞机首航仪式在合肥举行；5 月正式编入航班投入运营[43]。运七飞机基本型共制造了 20 架。1987 年，运七－100 投入运营。运七－100 为 3 人制驾驶舱，主要的改进包括改装电子设备、空调系统、内部装饰，加装了翼梢小翼，增加了失速警告系统，载客量增加到 52 人，提高了基本性能和舒适性，可以满足在复杂气象条件下起飞、航行和进场着陆的要求。运七－100 曾一度实现 50 余架的市场保有量，但因故障率相对比较高，导致运营成本高，其逐渐退出了主流客运市场的竞争。

根据中国民航局和运七系列飞机的相关史料，西安飞机公司在运七－100 之后又陆续改进、研发了运七－200A、运七－200B、运七－H500 等型号。运七－200A 在设计技术、结构布局、主要机载设备方面都做了重新设计，在发动机、导航通信设备及自动飞行控制系统、驾驶舱体制、座舱布局等方面都做了重大改进，大量采用国外技术成熟的先进成品。飞机的可靠性、经济性、维修性得到了很大提高。驾驶舱改为 2 人制，载客量为 56 ～ 60 人。该机于 1993 年 12 月 26 日首飞，于 1998 年 5 月取得中国民航局颁发的型号合格证，这是国产民用客机首次严格按照与国际标准接轨的中国民用航空规章第 25 部（CCAR－25）的规定验证合格的飞机。运七－200B 是 200A 的改进型，于 1990 年 11 月 28 日首飞。运七－200B 加长了机身，增大了货舱容量，对机翼进行修型，换装了机载电子设备，驾驶舱为 3 人制，可载客 52 人。运七－H500 是以运七－100 客机作为基础，后机身以苏制安－26 飞机为样本发展的军用型中程运输机，于 1989 年底首飞。运七－H500 的驾驶舱为 3 人制，货舱为全气密型，装有新型通信导航电子设备和自动驾驶仪，跑道适应能力强，有全天候能力，并具有在高温、高原机场满载起飞的能力。飞机稳定性好、操纵性好，充分满足航空支线运输的要求。

为进一步占领国内民用客机市场，西安飞机工业公司将运七-200A 重新命名为"新舟 60（Modern Ark 60，MA60）"，并按照 CCAR-25 标准开发研制。其目标是在安全性、经济性、舒适性和维修性等方面均达到当代国际先进支线客机水平，价格降到国外同类飞机的三分之二，直接使用成本比国外飞机低 10%～20%。新舟 60 于 1999 年 9 月在长安航空投入试运营，于 2000 年取得型号合格证，并于 2005 年开始进入国际市场。新舟 60 目前累计签订订单 200 余架，累计交付 100 余架，分布在亚洲、非洲共 16 个国家 27 个用户，运营着 260 余条航线[44]。

新舟 600（MA600）是新舟 60 的发展型，首架机于 2008 年 6 月 29 日总装下线，于 2008 年 10 月 9 日首飞成功，并于 2009 年投入运营。与新舟 60 相比，新舟 600 在维修性、操控性、经济性、舒适性等方面都得到了显著改善。主要改善如下：通过结构改进，提高了飞机的维修性和整机疲劳寿命；通过综合航电与故障诊断系统的设计改进，提高了故障快速诊断能力和飞机的出勤率；通过内饰的改进，提高了飞机的舒适性。此外，改进项目还包括整机减重、缩短起飞距离、改善系统的维修性和可靠性[45]。

新舟 700（MA700）是西安飞机工业公司继新舟 60、新舟 600 后系列发展的全新涡轮螺旋桨支线飞机，以参与全球同类飞机高端市场竞争为目标，按照基本型、加长型和缩短型三个方向发展。西飞集团公司从 2006 年开始论证，于 2008 年在航空工业集团公司内部立项。原计划从 2012 年开始，用 6 年时间完成新舟 700 的设计、试验、试制、试飞和适航取证等工作，于 2019 年交付用户，后推迟到 2019 年底实现首飞，2021 年取得中国民航局颁发的型号合格证，投入市场[46]。截至 2022 年底，新舟 700 已完成首飞。

### 4.1.3　国产喷气式客机

ARJ21 新支线飞机是中国首次按照国际民航规章自行研制、具有自主知识产权的中短程新型涡扇支线客机，是中国首次按照 FAR-25 申请美国联邦航空管理局（FAA）型号合格证的飞机，座级为78～90座，航程为2 225～3 700千米。ARJ21的首款90座级ARJ21－700飞机于2014年12月30日取得中国民用航空局型号合格证，于2016年6月28日在成都航空公司正式投入航线运营，并于2017年7月9日取得中国民用航空局生产许可证。该飞机型号项目不但是中国自主研发和经营的第一个喷气式客机型号，也是"十五"规划的重大高科技发展项目之一，被定位为市场机制下自主创新发展的中国商用飞机开拓者。ARJ21飞机型号项目于2002年4月经国务院批准立项，项目初期由中国航空工业第一集团公司（中航一集团）负责。为了探索适合市场经济发展的民用飞机研制、生产、销售和运营的体制和机制，中航一集团成立了中航商用飞机有限公司（中航商飞）。ARJ21的名称来自其英文Advanced Regional Jet for the 21st Century（面向21世纪的先进涡扇支线飞机）的缩写，寄托着中国商用飞机领域开拓者们的心声。ARJ21飞机为下单翼、T形高平尾气动布局和双尾吊发动机布局。第一架ARJ21－700飞机于2007年12月21日总装下线，于次年11月28日，由新成立的中国商用飞机有限责任公司成功组织首飞，并前后制造了4架试飞机。截至2023年1月底，中国商飞公司已向国航、东航、南航、成都航空、天骄航空、江西航空和华夏航空等客户支付100架ARJ21飞机，累计运营320多条航线，通航110多座城市，安全运送旅客近600万人次。2020年1月10日，ARJ21－700飞机荣获"2019年度国家科学技术进步奖"一等奖[47]。

C919大型客机是中国按照国际民航规章自行研制、具有自主知识产权的大型喷气式民用飞机，座级为158～168座，航程为4 075～5 555千米。其在2006年国务院发布的《国家中长期科学和技术发展规划纲要（2006—2020年）》中被列为16个重大科技专项之一，定位是商用飞机的抢滩者。2008年5月11日，中国商用飞机有限责任公司在上海成立。作为实施大飞机研制战略的主体，C919是中国商飞公司成立后主打的第一款飞机，该公司同时也承接了原来由中航商飞开发的ARJ21飞机的研制工作。C919的名称中，"C"是中国和中国商飞公司英文缩写的首字母，第一个"9"的寓意为天长地久，"19"则代表其最大载客量为190座。该机是一架常规布局，双发翼吊的单通道窄体干线喷气式客机，主攻目前世界上商用飞机领域最为热门的中短程单通道窄体飞机市场，直接竞争对手是美国波音公司的波音737系列、欧洲空客公司的A320系列、加拿大庞巴迪公司的C系列（被空客兼并后改名为"A220系列"）、巴西航空工业公司的E2系列，以及俄罗斯在研的MC－21飞机等。在技术应用上，C919起点很高，大量应用了目前世界上商用飞机制造领域主流的复合材料、全电传操纵、航电IMA、客舱娱乐系统和无线网络等，并采用与波音737MAX和A320neo相同的、由美国CFM公司最新研发的Leap－1系列涡扇发动机，大幅度提高了燃油经济性。2015年11月2日，首架机总装下线；2017年5月5日，首飞成功；2019年12月27日，第6架试飞机完成首飞；2022年9月29日，取得中国民航局颁发的型号合格证；2023年5月正式投入运营。

　　CR929远程宽体客机是中俄联合研制的双通道民用飞机，以中国和俄罗斯及前独联体国家市场为切入点，同时广泛满足全球国际、区域间航空客运市场需求。CR929远程宽体客机采用双通道客舱布局，基本型命名为"CR929－600"，航程为12 000千米，座级为280座。此外还有缩短型和加长型，分别命名为"CR929－500"和"CR929－700"，被定位为商用飞机的拓展者。该飞机系列对标波音公司的波音787系列和空客公司的A350系列，是中国商飞公司成立以后，承担研发、制造的第三款商用喷气式飞机，也使得中国商飞公司成为目前世界上唯一一家同时研发三种系列飞机的商用飞机企业。CR929飞机采用了大量的新技术和新工艺，力求在高起点上交出漂亮的答卷。CR929名称中的"C"和"R"分别是中俄两国英文名称的首字母，代表该款宽体客机是两国企业合作研制的先进商用飞机。"929"中的"9"是最大的数字，寓意长长久久，代表双方合作深远而持久，也代表该款飞机寿命期会更长、运营期会更久，合资公司发展规模会更加壮大；"2"则表示该款飞机由两国企业携手合作、联合研制。2014年5月，中国商飞公司与俄罗斯联合航空制造集团（UAC）在中国国家主席习近平和俄罗斯总统普京的共同见证下，签署了《新型远程宽体客机项目合作备忘录》；2016年6月25日，还是由两国的两位最高领导人共同见证并签署了远程宽体客机项目合资合同；2017年5月22日，中俄国际商用飞机有限责任公司挂牌成立，同年 9 月 29 日，中俄远程宽体客机正式命名为 "CR929"；2018 年 11 月 6 日，CR929‐600 飞机 1∶1 展示样机首次亮相珠海国际航展。

## 4.2　风险管理在中国商用飞机制造领域的落地

项目管理和风险管理的研究和应用均起源于西方发达国家，特别是第二次世界大战后，跟技术创新类似，管理创新方法在美国及欧洲等国的航空航天业层出不穷。以美国波音和欧洲空客为代表的世界领先商用飞机研发制造企业早已形成了整套完善的民机研发项目风险管理体系，拥有完善的风险管理规章、制度、方法和工具来支撑项目工作的顺利开展，例如，波音公司对飞机型号项目的风险管理主要通过进度风险控制来实现[48]。而风险管理作为一个独立的项目管理工具或者项目要素，出现在中国商用飞机制造领域的实践并不算早。基于在苏联军工模式的传统研制活动中用户的需求是明确的（一般作为军代表的角色全程参与，用户说什么就做什么）；经费是有保障的（很少存在仅仅因为经费就下马型号的情况）；进度是用户直接管控的（所谓后墙不倒，行政开道），用户的参与度非常高；以解决问题为导向的型号研制从一开始就被置于高度关注的地位，研发人员的主要精力在于技术攻关，风险更多地停留在研发人员的潜意识中，作为一种自发行为，主要依赖于研发人员的经验和大局观。有经验的研发人员可能会在技术攻关过程中不断思考后续工作中可能存在的不确定性因素，提前做好心理准备，而经验不足的研发人员可能根本就没有足够的精力去担心风险，眼下的问题和进度压力往往就已经压得他们喘不过气来了；再加上传统研制模式中行政占据主导地位，在一个相对封闭的体系内，行政指令也足以解决绝大部分管理问题，对自成体系的风险管理的需求并不迫切。

但是当面向开放的市场和国外的竞争时，原有体系和做法的弊端便逐步显现。俗话讲，人无远虑，必有近忧。如果事先未能充分地辨识风险，策划好应对之法，那么面对复杂的商用飞机市场，技术和管理双重不足的局面时，面对层出不穷的新问题、"老大难"时，有限的资源也仅仅能勉为其难地先行使救火队的职能了。因此，项目进度往往估算不准，研制费用也不断攀高，中国商用飞机制造领域的一线工作者们不是不努力，不是没有付出加倍的心血，但最终的结果却不一定尽如人意。在军工研制体制下，不看功劳看苦劳，没有苦劳还有疲劳，大锅饭虽然效率不高，但是充满平均主义的人情味；可是，市场经济却不会因为这些对我们高抬贵手，只会按照我们提供的产品竞争力论输赢，尤其是在几乎由欧美大国一统天下的商用飞机制造领域，被认为虎口夺食的中国商用飞机市场开拓者们受到的教训和刺刀见红式的短兵相接不一而足，就不在这里赘述了。而在这苦涩和不甘交织的学习成长过程中，中国商用飞机制造领域的从业者们逐步认识到了风险控制在项目管理中的重要性。与其说我们主动拥抱了风险管理，倒不如说被迫接近、了解并使用了更适应市场化需求的各类项目管理工具，而风险管理是较早被重视并且实现落地应用的工具之一。

最早接触项目风险管理理念和工具方法的应该是早年参与 MD‑82 组装、MPC‑75 以及 AE‑100 研制的工程师、工艺员和装配工人们。关于这几个项目的公开资料非常有限，与项目管理相关的更是凤毛麟角，基本上没有与风险管理有关的记录。但是从逻辑上分析，因为麦道公司的总装生产线是整体引进的，MPC‑75 是联合研制，国内的技术人员曾经有很长一段时间同欧美龙头企业公司的员工并肩办公，甚至有相当一部分人赴美、赴德工作过一段时间，所以对这些龙头企业本身进行项目管理的方法工具还是有所涉猎的。尽管学习项目管理在当时，甚至其后的十几年中并不是中国和这些企业合作的主要目的，长时间的耳濡目染仍多少能让参与者对风险和风险管理理念不再陌生。当时参与这几个项目，出国学习过技术并且仍然留在中国商用飞机制造领域内的、为数并不算多的早年探索者们，已经成长为这一事业的栋梁和脊柱，有好几位在大飞机型号工作中担任着重要角色。相对于一直在军工体制下从事飞机研发（而不是民机研发和运营）的人们而言，这些型号领导、专家、工程师们心里已经埋下了项目管理、风险管控的种子，也更能接受国外民机项目管理的理念。不过，当时对外合作的这几个项目要么是重点关注技术实现，先解决有没有的问题；要么是依据他人的体系框架进行模仿，积累行业经验，更多的是知其然而不完全知其所以然。所以主观上讲，当时针对项目风险管理的需求一不迫切二不主动，从而导致那一段时期（20世纪80年代到90年代中期）主动学习风险管理或者体系化地掌握行业主流项目管理理念、工具方法的活动比较少，经验的积累也相对有限。

新舟系列飞机的开发可以说是为进入民机运营市场而实施的战略举措，在当年的大环境下能够推行这样的战略实属不易。当然，新舟的前身是军用中程运输机运七，其早期产品的研发和其他军用飞机的研发过程如出一辙，根本的风险是其产品和服务体系并不是为了民机市场的需求而开发的，存在着先天的不足，后期的改进和调整几乎是全新的设计。但从运七-200A和新舟60甚至新舟600多舛的命运来看，因为先天的问题以及后续项目实施中风险管理等项目管理工具的缺失让西飞公司认识了市场经济的挑战，所以在新舟700飞机研制伊始，以中航工业西飞民机为代表的管理者和实施者们就本着严格按照项目管理规律办事的初衷，系统性地筹划风险管理等工具的应用，并且积极地和国内外同行进行深入交流。但鉴于国内对商用飞机研发项目风险管理的研究成果很少，从理论到实践，从管理程序到风险信息库都要在探索中进行，边摸索边实践，适合商用飞机项目风险管理的理论基础与实践方法仍处于萌芽的状态。

说到中国商用飞机制造领域的龙头，中国商飞公司无疑是当仁不让的。公司成立之初即提出了"举全国之力，聚全球之智"的策略。公司建在作为改革开放新起点的上海浦东，也为全面接轨行业先进水平、引进世界主流的技术和管理方法打下了坚实的基础，使得包括风险管理在内的复杂产品项目管理的理念和方法手段在中国商用飞机制造领域的落地生根、开花结果成为可能。自2008年公司成立之日起，中国商飞公司就通过对国际商用飞机项目风险管理开展专项研究，逐步建立并形成公司的项目风险管理体系，并先后在ARJ21、C919以及CR929型号项目研制中落地，积累了比较丰富的风险管理经验。中国商飞公司对风险管理工具的落地是统一基于系统工程理念和方法运用，将与民用飞机产品及服务相关的知识、技能、工具和技术转变成一整套项目管理工具集，应用于型号项目活动，其中当然也包含风险管理工具。2012年起，公司在型号项目上陆续设立专职的风险管理机构，发布并执行项目层面的风险管理程序；2017年，发布公司

《项目管理手册》，统一型号项目管理模式，规范项目管理的行为原则和相关程序的制定要求，并于 2018 年起推广使用公司级的通用项目风险管理程序。

在中国商用飞机制造领域不断实践并完善风险管理体系的同时，国内这方面的理论研究和对外交流也日渐频繁，"风险管理"一词已经不再是玄妙的理念和"只闻其声，不见其实"的空中楼阁，而是不但可以看得见也可以摸得着，甚至可以落地实践的一项工具了。最近的十几年，风险管理不但在国内，而且在商用飞机领域内的发展势头很猛，发展形势可喜。

## 4.3 风险管理在中国商用飞机制造领域的应用

随着中国商用飞机制造领域的逐步发展和项目管理理念的推广，项目风险管理逐步为这个行业的同仁们所熟悉，下面我们就通过从新舟系列飞机到 ARJ21 飞机项目的实际经历，简单探究一下风险管理这项项目管理工具在本领域内的应用和发展。

### 4.3.1 国产螺旋桨客机项目的探索和实践

作为第一款走出国门的民用飞机，新舟系列飞机的研发者很早就意识到了风险管理在项目实施中的作用和意义。自最新款的新舟 700 研制立项开始，风险管理就已作为一个关键要素被纳入整体的策划和考虑当中。虽然笔者在和中航工业同行们的交流之中能够感受到他们对于掌握并运用风险管理手段的迫切需求和积极实践，但比较遗憾的是，相关的信息和资料在公开场合极为罕见。同之前对军机研制的报道和研究相类似，有关新舟 700 飞机的资料基本上集中在技术突破和技术创新方面，与项目研制相关的材料则重点介绍了项目的进展、里程碑的达成以及前景的展望等，能够和风险挂上钩的极少数文章和内容也集中在市场风险和运营风险，本书所关心的项目风险管理体系建设、风险管理工具和方法的运用和效果方面的材料几乎没有看到。如前所述，没有公开报道和发表并不表示没有开展这方面的工作，而且笔者从有限的了解中能够体会到西飞民机公司的同行们已经初步建立了具有中航工业特色的风险管理流程并在新舟700项目中加以运用，希望以后有机会可以得到这方面的直接材料加以补充。当然从另一个侧面来讲，这多少也反映了中国商用航空制造领域项目管理发展的现状和关注的焦点，不像中国航天领域，对项目管理理论的总结与发展已经达到非常高的水准和成熟度，既有理论建模，又有实践案例，并且还具有可重复性和可操作性很好的手段、工具、方法。中国航天的理论总结能力和现状同该行业两代人三十年的持续高速发展的经历分不开，更与航天技术管理水平和理论的成熟度息息相关。

　　无论是早期运七－200A飞机研制中无意识的风险管理，还是最新款新舟700飞机研制时追求的风险管理架构，新舟系列飞机在研制过程中的风险管理的探索和实践现状还是能带给我们如下几点启示：首先，管理提升的基础是技术的成熟和稳定。通常来讲，在解决温饱问题之前，人很难饿着肚子去策划光明的未来。风险管理是很有效的项目管理工具，但是在资源有限，特别是主要目标是解决有没有的时候，过早地强调规范思维和未雨绸缪，其现实意义并不显著，搞不好还适得其反。其次，想要在激烈的商用飞机市场杀出一条血路、夺得一定的市场份额，不按市场的规律办事、不用技术和管理两条腿一起走路，将要付出的代价、可能多走的弯路也许是中国商用飞机制造领域从业者们所承担不起的。上述两点启示看似互相矛盾，但是以新舟系列飞机的发展为例，却能得到充分的印证。因为以中国航空业的能力和经验，在20世纪80年代起就开始开拓新兴的民用飞机市场，参与市场竞争，其本身就是一项了不起的风险决策①。既然是决策，先前必要的市场研究、技术分析、资源估算等活动都是有的，对项目目标的设定和成功的概率应该也有一定的了解和判断，哪怕不是纯粹为了获得直接的、快速的利润回报，项目的意义和价值也应该符合当时航空工业领导层的战略导向。之所以一路走来的效果和回报并不尽如人意，特别是新舟60不得不通过出口转内销的"曲线救国"方式生存，无非彰显了本行业缺少成熟的风险管理体系。换句话

────────────

①　广义上来讲，哪一项决策不是带着风险的？无非风险有大小，决策分轻重罢了。狭义上来讲，没有风险时是没有做决策的必要的，只要按部就班、按图索骥执行流程即可。这里所谓的风险来自多方面，可能是技术成熟度不匹配，也可能是没有标准流程可以参照等。

说，可能根本未想象到风险有那么大，一旦项目立项实施，就变成了"开弓没有回头箭"，骑虎难下。当然，上述结论还仅仅基于笔者的逻辑推测，需要通过更多的资料进行佐证，而且更深层次的原因往往不会那么简单。笔者也希望在今后更多的相关资料公开后，能够重新审视自新舟 60 项目启动以来的风险管理，以及其他项目管理实践的成效和航空工业民机公司同行们的努力。最后，风险管理工具要对项目决策起到实质性且有价值的作用，而不仅仅作为与国际先进水平接轨的摆设。新舟 60 在国内和国际（主要是非洲）市场上兜兜转转、艰苦创业发展了二十多年，作为开拓先锋，为后来者积累了弥足珍贵的市场开拓和运营的经验及教训。国外同类项目中类似新舟 60 项目情况的并不少见，而且有一些项目面临的境遇，相比之下还可能好过新舟，但是都先后因各种原因停产或退出了市场，比如欧洲的道尼尔、福克、萨博，美洲的"双水獭"。为什么那些相关公司并没有像航空工业那样即使补贴也要维持新舟飞机的运营呢？除了企业体制、社会环境等方面的原因之外，单纯从项目管理的角度看，风险管理工具给出的结论往往是相关项目决策的重要依据之一，有助于项目决策层在必要时及时止损。在项目的风险所带来的影响和后果导致项目无法达成其目标的时候，风险应对的建议措施之一就是承担后果、及时止损，将负面影响降到最低。这也是迄今为止，除了水上飞机，仍在运营的涡桨式飞机种类并不多的原因，在 50 座以下小型短程支线飞机逐步退出市场的同时，70 座或更大一点的支线飞机也有被喷气式支线客机所替代的趋势。

## 4.3.2  国产喷气式客机项目的探索和实践

由于 ARJ21 - 700 飞机已经完整地走完了商用飞机研发项目的全流程，进入飞机产品的稳定批生产和运营阶段，因此研究 ARJ21 - 700 飞机研制项目的风险和机遇管理就比较有说服力了。中航商飞成立后，即建立了以总设计师、总工程师为首的技术责任体系，同时建立了 ARJ21 新支线飞机项目管理组织体系，按照技术、质量、进度、成本四坐标进行管理。可以看出，ARJ21 - 700 项目的管理理念已逐渐向市场化经营转变，但在项目研制初期仍未建立风险管理体系，而是采用以解决问题为导向的型号研制方式。研发人员的主要精力在于技术攻关，未对项目研制风险进行显性化管理。

中国商飞公司成立后，全面引入了风险管理理念和体系，根据《ARJ－700新支线飞机项目发展历程、探索与创新》[49] 和《支线飞机项目管理》[50] 两书，项目风险管理方面一开始交由公司下属设计研发中心的项目管理部负责，下设风险管理岗，结合 ARJ21－700 项目的实际情况开展风险管理。2012 年，项目基本确定了项目风险的管理模式，按照公司级和中心级的两级管理架构开展风险管理，公司总部支线项目部设置专门的构型管理处室，下属单位的项目部门也建立对应的风险管理科室。2013 年，ARJ21－700 项目风险管理工作思路完成规划，同时建立、实施和维护两级 ARJ21－700 项目风险管理体系，持续开展风险评估和风险应对工作。其工作思路是"重点关注核心、关键、重大、长周期的技术工作领域，抓住关键路径中的风险工作"，充分发挥两总系统（行政指挥系统和总设计师系统）例会、专题技术协调会议等有效途径，深入科研一线识别评估风险。

ARJ21 项目风险管理的主要做法包括以研发中心支线项目部作为型号行政指挥系统例会、型号主要技术问题协调会议技术管理的主要组织机构。在各技术协调会议中，组织 ARJ21－700 项目技术团队将识别出的风险反馈给风险管理专员，由风险管理专员针对研发中心各部门上报或内部识别出的风险项，组织开展技术风险排查工作，其他公司下属中心的支线项目部则组织各自中心内部参研部门的项目风险识别工作并梳理，最后在两总系统会议上设立"存在的问题及风险"重要议题，并进行通报。通过这种手段，在识别风险的同时也增强了项目管理全员的风险意识。ARJ21 项目定义"风险的本质是一个不确定的未来事件，对项目目前的运行状态不造成影响。当风险发生时，转为项目问题管理"[50]。根据 ISO 31000 标准建立了项目的风险管理体系，进而编写了该项目的《项目风险管理程序》，发布了"ARJ21－700 飞机风险管理计划"。前期由公司支线项目部，后期在公司项目组织调整为集成产品团队（IPT）之后，由 ARJ21－700 项目的 IPT 团队作为风险管理主体。主要的风险管理工具历经演变，包括风险登记册、单项风险记录表、项目风险级别变更/关闭审查表；沟通工具包括项目月度/季度/年度风险管理报告、项目经验教训案例档案/数据库；绩效测量手段有风险应对计划的有效性、风险识别到确认应对策略的时间、风险等级分布百分比等 7 个，在流程中规定处置时间、处置主体和权限，取得了一定的效果。

ARJ21 项目风险管理的实践给我们带来这样两点启示。一方面，在一个已经运行相当一段时间并且各方面基本定型的项目实施过程中，引入风险管理体系不能简单地进行公式套用，而应该因地制宜地选择合适的切入点，使得风险管理这项项目管理工具发挥其最大的效用。从这一点上来讲，ARJ21 项目的做法还是值得肯定的。另一方面，也正是由于无法严格按照项目风险管理的主流做法和原则建立一套完整的体系，因此 ARJ21 项目的实践有着浓重的行政色彩和职能化组织机构所特有的条块鲜明、壁垒严格的风格，公司总部和下属中心通过行政区分的方式各司其职，而在风险管理活动中发挥最大作用的是研发中心的项目管理部。同时，基于研发质量体系建立的风险管理机制很难避免将风险识别集中于技术，特别是工程设计层面，而难以顾及生产制造、客户服务、试验试飞等研发中心本身的行政权限所无法触及的组织和领域，其站位也往往难以从公司的高度进行统筹和策划。如此执行的结果便可能导致风险识别的全面性和完整性受到影响，继而影响到后续的分析和处置。值得欣慰的是，当 IPT 项目组织形式引入后，上述缺憾得以逐步弥补，风险管理工作也更加符合项目管理的需求，真正成为促进项目健康发展的推手之一。

## 4.4　本章小结

本章是对项目风险管理在中国商用飞机制造领域内发展历程的简单回顾。通过本章的介绍，读者可以对风险管理在中国商用飞机制造领域内的出现、成长和发展的过程有一个感性了解，初步认识到影响其落地生根的速度和应用普及范围广度的社会背景及原因。国家层面的商用飞机产品研发起步不算晚，从"运十"项目算起，也已年届半百，但是出于各种原因，一路走来磕磕绊绊，直到 2008

年中国商飞公司成立，对于商用飞机的地位才算是有了一个明确的、强有力的来自国家层面的加持。早年中国商用飞机研制的探索，从"运十"到 MPC－75（与德国联手），从组装 MD－82（引进麦道公司技术）到 AE－100（欧亚合作），要么是重点关注技术实现，解决有没有的问题，要么是依据他人的体系框架仿制，积累行业经验，针对项目风险管理的需求一不迫切二不主动，从而导致风险管理理念、工具方法的应用非常少，经验的积累也相对有限。早期的新舟系列飞机项目因为风险管理等项目管理工具的缺失吃了不少亏，所以在新舟700飞机研制伊始，航空工业民机条线的管理者和实施者们就秉持严格按照项目管理规律办事的初衷，系统性地筹划风险管理等工具的应用。而中国商飞公司在成立之初即提出了"举全国之力，聚全球之智"的策略，并且利用上海浦东这个改革开放新起点的驻地优势，全面接轨行业先进水平，引进世界主流的技术和管理方式，使得包括风险管理在内的复杂产品项目管理的理念和方法手段在中国商用飞机领域的落地生根、开花结果成为可能。同期，国内这方面的理论研究和对外交流也日渐频繁，特别是最近的十几年，风险管理在商用飞机制造领域内的实践和落地也越发成熟，前景可期。国内商用飞机制造领域的项目风险管理实践还在继续进行，虽然取得了一些进展和成绩，但是在实现产品研发项目目标的推动、管理过程的效能方面仍有非常大的上升空间。在关注风险管理的同时，也隐约出现了"只见树木，不见森林"的现象，即过分推崇风险管理理念而自觉或不自觉地使风险管理游离于项目管理的整体之外，造成新的困扰，这一点将会在后续章节中进行集中论述。另外，本章特意没有涉及机遇管理的内容，一方面是因为机遇管理的理念确实比较新（哪怕在国际上也是如此），另一方面更为重要的是，国内主动为之的机遇管理历史实践非常少，更不用说商用飞机制造领域了，因此将集中到下一章论述时一并介绍。

# 第5章 中国商用飞机制造业风险和机遇管理的应用背景

前4章我们在比较宽泛的范围内先后介绍了项目风险和机遇管理的基本概念、复杂产品研发项目的特点以及风险和机遇管理在其中可以起到的作用，并联系到项目风险管理在中国商用飞机制造领域的简单发展历程，使读者对本书阐述的理论、实践和发展有了一个初步的认识和感受。从本章开始，我们具体针对中国商用飞机研发项目的风险和机遇管理现状、所面临的内外部挑战、来自国家层面的要求和规定，以及适用并实用的部分工具、方法逐一描述和解读，并且通过若干本行业的应用示例加以论证。

## 5.1 喷气式大型客机研发主体

到这里，也许大家会产生一个疑问：提了4章的商用飞机制造领域研发，好像讲的都是大型民航客机，那商用飞机是不是就是仅仅指这些飞机呢？读者的顾虑是有道理的。理论上讲，商用飞机的概念涵盖范围很广，顾名思义，凡是用作商业用途的飞机都在商用飞机的范畴内。比如常见的民用固定航线一般都是商用性质的；通用航空使用的飞机也常以商业用途为主（特别是在中国）；而从事商业用途的飞机既有几百吨的喷气式飞机，也有一百千克甚至更轻的单引擎螺旋桨飞机，当然以直升机为代表的旋翼机也有大量商用的。因此，严格意义上用"商用飞机"一词指代本书的项目实施领域并不精确，更为精确的说法是"喷气式大型客机"。虽然笔者也不是非常满意这个名称，但是"喷气式大型客机"基本上能够涵盖主要为民用航空定期客货航班，使用喷气式发动机作为动力，并且起飞重量在一百吨①以上的固定翼飞机了。这类飞机集新技术、新工艺和新材料之大成，代表了人类文明发展水平，是现代工业的"皇冠"，真正需要应用最为先进、有效的管理理念和管理工具，所以特别在此强调本书的讨论对象是喷气式大型客机的研发项目，而不是其他②。

明确了研究对象之后，我们要进一步明确在我国研发这类飞机的主体需要具备什么特点、掌握什么能力、如何定位等。2006 年 2 月 9 日，国务院发布《国家中长期科学和技术发展规划纲要（2006—2020 年）》，将大型飞机和核心电子器件、极大规模集成电路制造技术及成套工艺、新一代宽带无线移动通信、大型先进压水堆及高温气冷堆核电站、重大新药创制、载人航天与探月工程等并列为16 个重大专项。按照文件解释，国家"重大专项是为了实现国家目标，通过核心技术突破和资源集成，在一定时限内完成的重大战略产品、关键共性技术和重大工程，是我国科技发展的重中之重"[51]。大型飞机专项有军用和民用之分，其中民用项目，也就是本书所探讨的对象——大型客机专项由 2008 年 5 月 11 日新成立的中国商飞公司承担。根据中国商飞公司的官网介绍，公司总部设在上海，是"实施国家大型飞机重大专项中大型客机项目的主体，也是统筹干线飞机和支线飞机发展、实现我国民用飞机产业化的主要载体，主要从事民用飞机及相关产品的科研、生产、试验试飞，从事民用飞机销售及服务、租赁和运营等相关业务"。

中国商飞公司定位其企业的使命为"让中国的大飞机翱翔蓝天"，愿景是"为客户提供更加安全、经济、舒适、环保的商用飞机"，目标是"到 2035 年，建设成为世界一流航空企业；到 21 世纪中叶，建设成'四个世界级'航空强企"，届时，这家中国籍的企业将具备和世界上任何商用飞机制造商在干线和支线飞机制造领域直接竞争的能力。对于这些竞争能力的培养，中国商飞公司是这

---

① 以起飞重量来划分飞机大小变得越来越不准确，至少是界限不明。由于材料技术和制造工艺的飞速发展，代表当代最先进水平的大型客机每单位重量的载重水平相比 20 世纪中后期的机型都有了长足的进步，在波音、空客以及中国商飞公司这些主制造商官网上，飞机重量指标已经不是重点推介的指标了，更轻、更快、更远、更多是大型客机飞机发展的趋势。

② 由于本节需要讨论喷气式大型客机的研发主体，所以强调该种说法；在本书其他章节，按照习惯以及通俗的讲法，还是可能使用"商用飞机"一词进行指代。

样总结策划的：首先是基于"中国设计、系统集成、全球招标、逐步提升国产化"的发展原则，即立足中国，放眼世界，拥抱全球，用合作换能力。在世界经济发展全球化、趋向融合的大环境下，这一发展原则不单是务实，也是被中国商飞公司十几年来的发展现状所证实了的，其中就包括引进国外同行业先进的项目管理理念和工具方法、结合中国实际再出发的做法，从而引申出公司的发展理念是"创新、创业、创造"——有引进不创新只能亦步亦趋，永远做跟随者；有创新但不秉承艰苦创业的精神和积极创造的作为，也只是画饼充饥。其次，中国商飞公司走的技术路线是"自主研制、国际合作、国际标准"，以我为主、兼容并蓄，高标准、高起点。值得一提的是，笔者认为这里所谓的国际标准不仅仅是中国商飞公司要遵循现有的、由国外同行所主导的国际化商用飞机制造领域适用的各项标准规范，更要积极参与制定、主导甚至开发新的国际标准，其中就可以包括基于中国特有的企业管理机制和人文特点，有效实施喷气式大型客机研发项目风险和机遇管理的国际标准和工作规范。那么要实现上述目标、使命、愿景、发展理念等，喷气式大型客机研发主体所应具备的能力和支持体系有哪些呢？中国商飞公司的答案是六大能力：研发设计能力、总装制造能力、市场营销能力、客户服务能力、适航取证能力以及供应商管理能力。与之相适应的支撑体系包括以下三方面：中国商飞公司管理体系、商用飞机技术创新体系以及商用飞机产业体系。聚焦到本书讨论的主题，项目风险和机遇管理在六大能力和三大体系的建设和具体实施过程中都能体现其重要的作用，特别是在建立管理体系、规范项目的行为规则后，通过常态化应用、动态化监控、前瞻性策划等活动，可以系统化地提升企业项目实施过程的有序性和可控性，从而促进各方面能力的提升。

## 5.2 风险和机遇管理应用背景

　　了解并定位了本书的主角——喷气式大型客机研发项目，以及在我国研发、制造、服务、运营这类飞机的主体——中国商飞公司之后，聚焦本书的主题"项目风险与机遇管理"并展开论述之前，有必要围绕实施项目的主体，也就是类似中国商飞公司这样的具有中国特色的大型企业的管理机制、人文特点、国家要求、政策导向、内外部环境等进行一番讨论，用来确认其在项目实施过程中，应用风险和机遇管理的背景和可能面临的挑战和机遇，以期更为精确地开发和验证相关工具方法的合理性和适用性。

### 5.2.1 国企的管理机制和人文特点

在中国改革开放，特别是加入世界贸易组织（WTO）以来，中国的经济体制大范围、大面积向市场经济转变，虽然几经调整，但是总体朝着更加开放、更加灵活并且更加尊重市场的方向发展。成立中国商飞公司，在开放的国际竞争环境中研发中国人自己的大飞机正是在这样的大背景下的新生事物，同时彰显了中国人面对全球性大市场的底气。所以，在研究中国商用飞机制造领域的企业实体的管理机制和人文特点时，其对象不应再是改革开放前纯计划经济体制下吃大锅饭的国营单位，也不应是改革开放初期面对瞬息万变的国际商情无所适从的公有制工厂，更不应是在国企改制的困境中苦苦挣扎、彷徨迷茫于未卜前途的转型期企业，而应是有着比较健全的管理机制的国有资产股份制、拥有成熟企业管理经验的管理层，以及初步掌握并开始熟悉世界商用飞机市场（包括各类技术、财务、营销、服务等专门业务领域人才）的大型中央企业。本节所涉及的内容也主要聚焦在这一类中央企业上，而困扰其他国企，特别是地方政府所有国资企业的政绩压力影响等因素及发展特点[52]将不予以讨论。同时，本书并不研究和总结中央企业的所有特点，我们将讨论的焦点也尽可能集中在影响项目风险和机遇管理的特点之上。

在我国四十多年的改革开放进程中，国有企业的改革扮演着不可或缺的角色。前三十年，国有企业以单一公有制为主，近十多年来基本上正逐步过渡到产权多元化的混合所有制，形成了具有现代企业特点的新国企[35]。桁林在其对国企三次改革大潮的反思[53]中将现期国有企业华丽转身并重塑中国模式过程中展现的新特点总结为三条：一是垄断地位日渐巩固，通过效率较低的行政性垄断地位实现"赢者通吃"；二是国有模式使得国企强大之势不可逆；三是除了所有权问题，其他内容都不设禁区，可以改变或改革。同时他也提供了三条对国企改革任务的建议：反垄断、去行政化与职业经理人制度。而王永则在研究了改革开放三十年中不同时代、不同阶段下国有大中型企业管理创新类型和案例后，得出目前外部环境力量是国企管理创新的第一推动力，而战略发展模式是各种类型管理创新模式的主基调的特点[54]。在对改革开放后的国企进行组织文化层面的研究时显示，目前尚处于转型中后期的国有企业的文化特征介于等级文化和市场文化之间，具有两种文化的混合特质[54]；同时，相较于中国私营企业，国有企业的就业保障性高，企业赢利压力相对较小（不过，国家在这方面的政策和要求已经逐步收紧），因此运营效率较低，一份研究报告显示在某行业中，私营企业的效率可能高出国有企业38%[55]。

综上，我们大致可以总结出以下几个关系到项目风险和机遇管理落地实施的国企特色管理机制和人文特点。从管理机制方面讲，第一，已经经历了数十年国企改革转型的新型国有企业，还是保留了相当浓厚的官僚作风①以及比较清晰的等级观念，决策路线长、决策周期久，所以在推行风险和机遇管理方法工具时需要充分认识到这一特点，保证风险信息和决策过程在尊重各级管理者的知情权和行政权限的前提下，通过流程和工具减少对效率的影响——同步推送、平行审批是一种可行的做法。第二，由于国有企业在国家扶持政策、资金贷款利率等方面有先天的优势，现行中央企业的最高管理层通常会由国家通过行政手段指派或空降，市场的盈亏、国有资产增值程度的多寡并非考核管理层的唯一指标，所以企业对跟市场或企业外部环境相关的风险和机遇信息敏感度较低，相应的反馈和应对也会较慢，因此项目风险和机遇管理的流程需要对这方面的信息搜集、风险识别等工作进行较为强制的规定，不能单纯依靠执行团队的自觉性和主动性。第三，在与世界先进管理模式接轨、先进理念碰撞的过程中，由于种种原因，企业

---

① 本书中，"官僚作风""官僚体制"等词没有褒贬之意。笔者认为，作为一种特定的管理模式，官僚机制在行政体系中有其特殊的生存环境，甚至一定程度的必要性；但是，在需要创造利润的市场经济环境下，官僚机制中各种所谓的弊端便显示出格格不入的特征。因此，从这个层面上讲，管理机制之于市场经济更多的是适合不适合的问题，那就利用市场之无形大手优胜劣汰即可，而不一定非要上升到你死我活的路线斗争上来。

主动拥抱这些先进经验的动因和激励可能不足，从而导致落实先进管理模式时比较注重形式而忽略其实效，所以有必要通过企业文化的变革提高其实效。所以，在实施项目风险和机遇管理这样几乎是纯舶来品的过程中，一定要注重"土洋结合"，采用企业的"本土语言"、定制流程，必要时"旧瓶装新酒"，以顺应现行体制的习惯，循序渐进地改革。从人文特点方面讲，身处国有企业，特别是中央企业的员工就业安全度高，对职业前途的预见性强，缺乏天然的危机感，做事习惯性地留三分余地，在日常工作中往往秉持"不求有功，但求无过"的信条。所以在实施项目风险和机遇管理的过程中，应尽量避免需要主观判断的场景，尽可能使用、选择客观、量化、反差分明的评判准则和检查单，以鼓励员工在不用过度担心自身承担责任的前提下客观、真实地反馈信息。另外，等级制度和长期行政管辖分割治理的工作模式形成的部门壁垒和只接受直接上司纵向指令的工作习惯，对团队化要求高、注重混合背景团队成员直接沟通的项目风险和机遇管理的落地和推广有着严酷的挑战——做得不到位，轻则流于形式缺乏实效，重则形成新的风险源，影响项目实施。建议的解决方式包括固化流程、运用清晰的检查单和评判准则，同时加强正向激励，逐步形成风险管理、人人有责的新项目文化。

### 5.2.2 国资委对中央企业的管理要求

"国资委"是国务院国有资产监督管理委员会的简称，是根据《国务院关于机构设置的通知》（国发〔2018〕6号）设立的正部级国务院直属特设机构。对国有企业，特别是从事大型商用飞机研发的中央企业而言，国资委代表国家——也就是商用飞机研发项目的重要发起人和出资人。根据国资委官方网站对其机构的介绍，该委员会承担着"建立和完善国有资产保值增值指标体系，制订考核标准，通过统计、稽核对所监管企业国有资产的保值增值情况进行监管"的职责，同时也负责"指导推进国有企业改革和重组，推进国有企业的现代企业制度建设，完善公司治理结构"，负责"督促检查所监管企业贯彻落实国家安全生产方针政策及有关法律法规、标准等工作"。通过上述国资委职责的摘录，我们大致可以了解到以下几点：

第一，国资委代表的是国家，中央企业是受国资委管理的主要对象。因此，国资委的要求就是国家对中央企业的要求。在中国商用飞机制造领域，承担喷气式大型客机研发的主体单位是中央企业，大部分参与研发的国内机体结构供应商和国内机载软硬件设备供应商，以及材料供应商、试验试飞基地等如果不是中央企业，便是国有企业。接受国资委的监督，按照国资委的各种管理要求管理企业是这些企业天经地义的事情。

第二，国资委的管理要求主要围绕着企业的经营战略展开，所有的规定和考核标准也是针对整个企业的战略目标进行设置，是中央企业和国有企业进行机构建设、内部流程设计的最顶层核心输入以及对标的准则。项目管理作为企业实现其战略目标、落地其经营策略的重要手段，自然也在其管辖范围之内。虽然国资委不一定会对每个企业具体如何实施项目管理进行干预和介入，但是项目管理实施后的效果绝对能够通过企业经营业绩加以反映，并可随时受到国资委的监督和审计。所以，研究如何将国资委的管理要求实体化、细化、分解，并落实到研制项目管理过程中，也是中国商用飞机制造企业所应关注并积极推动的要事。

第三，国资委还肩负着提升中央企业等管理现代化、合理化、国际化的重要使命。在全球化市场经济的大环境下，中国的国有企业早已经历了多轮从原计划经济管理模式向市场经济管理模式转变的努力，取得的成果也举世瞩目。平心而论，商用飞机制造领域的国有企业由于项目的高复杂性、长周期、高风险、高投入等，在现代化强企的竞争中成绩并不算突出，但是在国资委顶层督导的大力加持下，通过贯彻国资委相关要求、践行相关建设要求，可以取得事半功倍的效果，并且完全符合形成世界一流的研发、制造、运营、服务大型商用喷气式客机能力的企业发展目标的需求，也只有如此，才能建立并保持足以在市场经济环境下立足、生存、抗衡的竞争力。

综上，用好国家关于中央企业的经营管理政策、落实国资委对于中央企业的经营要求，不单是中国商用飞机制造领域的企业和组织必须要做并做好的分内事，也是这些企业和组织在市场经济中发展壮大、立足国内、放眼世界的必由之路。

### 5.2.3 国资委对全面风险管理的要求

2006年6月6日，国资委发布《关于印发〈中央企业全面风险管理指引〉的通知》（以下简称"《指引》"），对国家对于中央企业实施全面风险管理的要求进行了明确说明和详细指导。十多年来，中央企业的全面风险管理体制建设在该文件的大框架下，取得了长足的进步。回顾该文件的内容和要求，读者会发现其对于商用飞机研制领域项目实施的现实指导意义和理论前瞻性。因此，本章专门辟出一节对《指引》在商用飞机制造业项目研制的实践应用进行解读。

第一，《指引》将企业风险定义为"未来的不确定性对企业实现其经营目标的影响"。除了强调风险的不确定性，这里特别指出了所谓风险的范围是企业的经营目标涉及的范围，而不是其他，指明了在后续的风险辨识过程中应当关注的对象。同时，《指引》也非常有前瞻性地提出"企业风险一般可分为战略风险、财务风险、市场风险、运营风险、法律风险等；也可以能否为企业带来盈利等机会为标志，将风险分为纯粹风险（只有带来损失一种可能性）和机会风险（带来损失和盈利的可能性并存）"，明确地提出了机遇的概念，并将其提到与风险同等的高度。继而，《指引》将全面风险管理的概念明确为"企业围绕总体经营目标，通过在企业管理的各个环节和经营过程中执行风险管理的基本流程，培育良好的风险管理文化，建立健全全面风险管理体系，包括风险管理策略、风险理财措施、风险管理的组织职能体系、风险管理信息系统和内部控制系统，从而为实现风险管理的总体目标提供合理保证的过程和方法"。同时，《指引》也强调了企业应"正确认识和把握风险与收益的平衡，防止和纠正忽视风险、片面追求收益而不讲条件、范围，认为风险越大、收益越高的观念和做法；同时，也要防止单纯为规避风险而放弃发展机遇"。上述解读用一句话表达，就是企业应根据经营目标，建立风险管理文化，通过健全的体系正确防范风险、把握机遇。

第二，《指引》非常明确地提出了中央企业全面风险管理的流程要求。其流程包含了五个方面的工作内容，依次为"收集风险管理初始信息，进行风险评估，制定风险管理策略，提出和实施风险管理解决方案以及风险管理的监督与改进"。相较于常规或经典风险管理流程，上述流程的表达方式略有差异，并且特别强调早期收集风险管理信息的重要性，专门将之单列并提供了不同类别情况下潜在的风险来源，例如要求在市场风险方面广泛收集国内外企业忽视风险、缺乏应对导致损失的案例，了解与企业相关的产品或服务的价格供需变化、供应链及原材料的充足性和稳定性、主要客户和供应商的信用情况、税收政策和利汇率等的变化、竞争者及其主要产品和替代品情况以供参考等。对于目标市场为全球民用航空业，制造服务均依赖于全球供应链的商用飞机制造领域而言，上述强调不但及时而且有效，因为面对开放多变的全球市场，商用飞机制造企业不仅要在思想上走出去，更要在行动上先行、多行，突破和改善原先对市场，尤其是国外市场信息了解不透彻、不及时而被动的局面。在《指引》的要求下，掌握这些信息不是可选项，而是必修课。同时，《指引》流程中的风险评估过程整合了风险辨识、风险分析以及风险评价，更突出这三个步骤的连续性以及关联性。而《指引》中的风险管理策略等同于常规所称的风险应对措施，但被提到更高的高度以凸显方向准确的重要性：强调企业应基于本身的风险偏好、风险承受度以及风险管理有效性标准采取适合的策略。除了广为人知的风险承担（即风险接受）、风险规避、风险转移、风险控制（即风险缓解，mitigation）之外，《指引》还提供了风险转换、风险对冲、风险补偿等措施。顺其自然地，风险应对计划的制订和实施也被独立出来作为"提出和实施风险解决方案"过程加以规范。因此，中国商用飞机制造企业在运用全面风险管理流程并落实到型号研发项目上时，应该特别注意对标国资委的相关要求，而不是想当然地照搬国外或流行的项目风险管理概念、流程、工具方法。

第三，《指引》要求企业建立基于风险管理信息系统的风险管理监督与改进体系。企业的风险管理信息系统是落实信息技术应用、接轨现代化企业管理水平的重要标识，应该涵盖企业风险管理基本流程和内部控制系统各环节，用于相关信息的采集、存储、加工、分析、测试、传递、报告和披露等，是企业风险管理信息的单一信息源。采用这样的风险管理信息系统，企业才可以保障连接上下级、各部门和业务单位的风险管理信息沟通渠道的畅通，确保信息沟通的及时、准确、完整，为风险管理监督与改进奠定基础。而风险管理信息系统本身也不应是独立隔绝于企业其他管理系统的。首先，该系统是企业风险管理体系的有机组成部分；其次，《指引》明确要求"风险管理与企业各项管理业务流程、管理软件统一规划、统一设计、统一实施、同步运行"，使得企业的信息化管理立足全局、面向全方位、服务全周期。针对商用飞机这样的复杂产品研发项目（参见2.2.1节），国资委在全面风险管理上的这一要求不啻为方向明确、目标实用：要想管理好投资高达数百上千亿人民币、研制周期长达十年、项目成员数以千计、内外供应商遍及五湖四海的商用飞机型号项目的风险和机遇，采用人工填报、手动统计、按月跟踪的形式，其准确性、及时性和全面性是无法保证的，效率低浪费资源事小，依据不精确的信息做出了错误的，甚至南辕北辙的决策才是大事。

第四，《指引》将建立企业风险管理文化作为重要要求单独列出，明确企业文化需要具备风险意识、树立正确的风险管理理念，培育自公司董事会以降，高级管理人员起表率、全员懂风险、全程控风险的风险管理文化。将风险管理提到企业文化建设的高度，充分表明全面风险管理已经脱离了简单的管理工具的范畴，是一种企业行为规范、工作习惯上的本质转变。这种转变的需求通过国资委这样层级的机构郑重地以国家机关红头文件的形式下发，向中央企业传递了清晰的信号。由此可见，在商用飞机型号研发项目实施过程中，也需要遵守企业风险管理文化的要求，并且将其作为企业实现经营战略的重要手段积极参与风险管理文化的建设，贡献建设中的实践经验。商用飞机研发项目在风险管理文化的建设上有其得天独厚的优势：一来管项目就是管风险（见表1-2），项目实施的全过程其实就是项目风险和机遇管理的全过程；二来风险管理是现代项目管理的标准工具之一，有对标、有实例、有经验、有教训，从某种意义上讲，如果项目风险管理都没做好，那么企业的风险管理文化肯定做不到位。

第五，《指引》不但提出了明确的企业全面风险管理要求，而且提供了常用的风险管理工具和方法。例如"风险坐标图"，也就是后续6.3.5节中将介绍的"风险概率指数矩阵"以及形成坐标图的风险发生可能性、风险发生后对目标的影响程度的判定原则和方法（参见 6.3.3 节中的"风险评价"）；再例如"关键风险指标"的提法明显借鉴了项目管理工具中的"关键绩效指标"（key performance indicator，KPI）的概念和评定方法，配合经典的蒙特卡罗法，使得全面风险管理不仅是理论和概念层面的定性要求，也是实实在在的，可以量化、可以考核的实用工具。

　　总而言之，国资委下发的《中央企业全面风险管理指引》有要求、有理论、有工具、有方法，其要求全面、理论清晰、工具实用、方法先进，对中央企业的风险管理文化建设、对商用飞机研发项目实施正确的风险管理活动有着重要的指导意义。当然，《指引》的下发时间距今已 17 年，在实际操作层面，由于信息技术的飞速发展，具体实施手段和工具还需要与时俱进，不能墨守成规。

### 5.2.4　商用飞机国际竞争市场

　　国际商用飞机市场和制造领域向来是"兵家必争之地"，充满了大量风险，也蕴藏着诱人的机遇。福布斯网站 2020 年 1 月发布的分析表明，欧洲的空客公司和美国的波音公司 2019 年在国际商用飞机市场所占的份额总和达到了惊人的91%[56]，而这种市场双寡头的态势随着空客公司对加拿大支线飞机制造商庞巴迪的有效收购（发生于 2018 年）[57]，以及波音公司对另一家支线飞机制造商巴西航空工业公司收购的认可（发生于 2020 年）[58]①，会变得越发严峻。不管空客公司和波音公司相互之间的竞争和倾轧程度如何，对于其他想进入这一市场的商用飞机制造商而言，首先面临的是如何在剩余约 9% 的市场上生存的问题。基于上述严酷的竞争现实，尚未打开并拥有稳定市场的中国商用飞机制造商一方面处于后来者全方位的竞争弱势，比如口碑、运营支持体系、航材备件供应、飞机残值等；另一方面面临着虎口夺食、杀敌一千自损八百的风险，更不用说其他多个在同样领域跃跃欲试的国家对细分市场的争夺，比如日本、俄罗斯等。这方面，波音和空客这对明争暗斗了半个多世纪的同行冤家的实际经历对中国商用飞机制

――――――――――
　　①　截至目前，波音对巴航工业的收购并没有实现。

造商来讲，足以作为外部风险来源的殷鉴，供我们在风险管理实施过程中好好揣摩和辨识。一方面，美国国家经济研究局（National Bureau of Economic Research）的帕夫克尼克及其同事欧文先后在 2002 年和 2004 年发表的论文[59-60]中都提到了 1992 年美国和欧盟之间签订的《民用航空器贸易协议》（1992 US－EU Agreement on Trade in Civil Aircraft），该协议就是基于波音公司对来自空客公司的市场蚕食的担忧达到一定程度之后，游说美国政府的贸易代表，通过政府间贸易争端诉讼和调解机制制衡对手的一种策略，该协议限制了欧洲各国政府对空客公司的财政补贴，从而降低空客的竞争能力。

另一方面，说"英雄惜英雄"也罢，说"高处不胜寒、领先者的孤独感"也行，在国际商用飞机制造领域的舞台上除了腥风血雨般的相互竞争和制约，也充满了合作和共赢①。在介绍中国商用飞机发展历程（参见 4.1 节）时，我们就已经回顾过美国和欧洲的商用飞机制造"豪门"给予中国的合作机会（当然前提是帮助其自身取得更多的盈利点和市场份额等好处，不过在合作过程中，中国方面也会得到一定的回报）；英法联合研制超声速"协和"式客机更是航空史上的一段佳话（尽管其结局令人唏嘘）。而即便是对从 1974 年起就充满挑战意味的空客公司这样的对手，波音公司在 20 世纪 90 年代初也曾经伸出橄榄枝，邀请其联合研制巨型客机，虽然最终因为两家公司对市场前景的预测大相径庭而告吹[42]，但是类似的机遇还是不少见的。对在实力和能力沉淀上与两大巨头相差甚远，可仍对商用飞机市场有所追求的其他公司和国家而言，如何把握机遇，准确进行自身定位，以期有朝一日也能立足于这一市场，绝对是一门很深的学问。以亚洲为例，第二次世界大战以来，各国意图跻身世界航空大国，研制商用飞机的努力和探索几乎没有停歇过，中国的发展可以参考第 4 章，而有此想法并付诸实现的其他亚洲国家至少还包括印度尼西亚、韩国、日本和新加坡。其中印尼早在苏哈托总统时代，就研制了 50 座的螺旋桨通勤客机，并开展了 100 座喷气式支线客机的设计；而日本则从 20 世纪 60 年代开始研制 60 座的螺旋桨通勤客机，

---

① 当然，打铁必须自身硬。要对手愿意合作，首先要具备一定的实力，并且能够给对方带来收益。在全球化的大趋势背景下，合作共赢的模式越来越受到关注和应用，这也是所谓机遇的主要来源。

并将相关的努力延续到 90 年代的 200 座和 150 座级的喷气式客机[61]。当然时至今日，印尼的商用飞机并没有成任何气候，而当年被寄予厚望在世纪之交时就能开发出宽体客机的日本三菱重工的 MRJ 支线飞机项目前景渺茫①，与此同时，中国的 ARJ21 支线飞机却早已顺利运营达数年之久了。有意思的是，日本的商用飞机制造厂商在苦苦追求自行研发大型客机的同时，还是利用了波音公司需要巨大产能以及航空制造业全球化的契机，积极成为波音的制造供应商甚至设计供应商，仅据 2010 年时的统计数字，日本厂商的工作量在波音 777 飞机项目中占了 20%，而在波音 787 工作包中的占比更是高达 35%，包括独立生产制造波音 787 的中央翼盒[61]，为自身发展闯出了一条特别的道路。

对于中国商用飞机制造商们而言，除了需要了解并关注上述国际商用飞机市场普遍存在的风险和机遇之外，还应该了解和关注在与国外厂商，尤其是行业领先者们合作、交流的过程中可能产生的风险和机遇——既不将任何来自外国的善意交流视作洪水猛兽，采取鸵鸟策略，避而远之；也不毫无防范地敞开大门，缺乏保密意识，从而不经意地泄露企业机密。在全球化大趋势下，国际合作与交流是必不可少的工作环节，甚至往往还能突破瓶颈和核心关键，预先了解对手及合作方的真实意图，在互惠互利、双赢合作的原则上共事，才是保证正确把控项目风险和机遇的前提。例如，简南红在 2016 年发表的一篇研究全球十大航空企业在华专利布局战略的特点与发展趋势的文章[62]中明确指出，自中国启动大飞机专项以来，世界航空强国的对华竞争策略从"技术封锁"转向"专利公开"，而且节奏加快、布局力度及广度加大，中国航空企业现在不但要突破外企的技术封锁，而且要防范专利陷阱。若干著名的国际领先民用飞机企业都是其中的中坚力量，其特点如下：首先，专利战略是这些外企出于保持并扩大其在华技术优势与市场利益的目的而制定的，不可能是为了所谓的世界和平及知识共享的伟大梦想；其次，实施专利战略的主要企业以民用飞机产品为主，也就是说能够在市场

---

① 三菱在将 MRJ 支线飞机项目改成 SpaceJet 之后，于 2020 年下半年宣布暂时不再提供项目经费，并将项目裁员高达 90%；2021 年 5 月，三菱飞机公司将注册资本由原先的 1 350 亿日元减少到 5 亿日元，缩减幅度达 99.6%；2022 年 3 月，三菱关闭了位于美国华盛顿州的试飞中心，冻结研发的 MRJ 原型机的 2 台发动机已被拆除，表明 MRJ 项目已彻底结束。

经济中攫取到实际利益的领域；再次，其专利布局的重点领域集中在飞行器设计、控制、通信、发动机以及材料等核心技术领域，以期在中国市场最大限度地实现关键技术垄断；最后，这些专利战略主要采取了所谓的攻击性市场策略，总专利申请量的九成以上以国外专利为优先，原创国极少量是在中国，目的是寻求在中国市场的有利竞争地位。因此，在国际竞争环境下要坚持以我为主、防范风险、紧抓机遇，是中国商用飞机制造企业及其项目团队需要时刻铭记于心的信条。

## 5.3 本章小结

本章给读者带来的是如何正确理解国内商用飞机制造企业的定位、职责和能力，明确以国有企业为主的从业者们如何在实施商用飞机研发项目时积极主动践行国资委的要求，结合企业实际、对标世界一流，建设有中国国企特色的项目风险和机遇管理机制，形成企业的风险管理文化。同时，研发商用飞机离不开全球化市场，必定要跟世界上各类供应商、客户、竞争对手打交道，因此本章也简单指出了在国际交流中出于风险和机遇管理的需要，应该关注和避免的事项。中国商飞公司的一位领导曾经说过，"干大飞机事业，既要脚踏实地，也要我心飞扬"。风险与机遇管理的理念和方法其实完美地诠释了这一观点。在详细介绍、分享了现状及做法之后，本章将目光放眼整个行业及未来的发展，提供可以为中国商用飞机领域所用的可持续发展道路和突破口，以做到先行策划、未雨绸缪。

# 第6章　项目风险和机遇管理实践

本章以中国商用飞机制造领域为应用环境，以商用飞机研发项目为对象，自顶向下、从前往后介绍并提供一整套项目风险和机遇管理的理念、方法和实用工具。这些工具和方法大多数都已经投入实际使用，并且经过多轮迭代优化，被证实能够对项目的正确实施起到正向的推动作用。笔者也尽可能地提供相关的通用模板，分享使用经验，希望能优化应用转换的过程，减少读者的困惑，给读者带去更多的便利。

## 6.1　项目风险和机遇管理理念

在商用飞机研发项目风险与机遇管理中，首要的方法是运用全生命周期的概念。这里的全生命周期指的是项目全生命周期，千万不要同产品的全生命周期相混淆。如第1章所述，商用飞机研发项目起始于项目立项，结束于取得生产许可证并交付首家用户，这两个时间点之间的区间就是该项目的生命周期。很显然，相较于飞机产品的生命周期，研制项目的时间仅仅占据其中的一部分，而且通常还不是最长的一部分。例如波音777项目研制花费了4年半的时间，但是首款交付的波音777－200型从1996年迄今已经服役超过四分之一世纪了；中国商飞公司的ARJ21－700型飞机在立项12年后取得适航证，14年后投入运营，但是其每架飞机设计服役寿命都超过20年。项目生命周期与产品生命周期不同的另一大特征是其周期内的阶段划分方式和原则。产品生命周期更类似于常见的有机生命体，经历从幼及老、从稚嫩到成熟、从生至死的连续但不重叠的若干阶段，以成熟度为牵引；而项目的生命周期则按照其相关信息和决策的传递路径为牵引，以启动、策划、执行、结束为主线，辅以监控纠偏的循环，在策划和执行阶段不断迭代。所以，项目管理的实质是在项目全生命周期内，面对以飞机产品为载体的一组项目目标的闭环控制，可以抽象为一个典型的二阶控制系统。

运用项目全生命周期的概念的主要目的是保证风险和机遇管理在项目实施过程中的全覆盖：项目立项之初，项目管理团队的首要任务之一就是编制项目管理规划（project management plan，PMP）。项目管理规划本身作为项目策划结果的载体，针对给定的项目目标和项目约束，识别项目的风险和机遇，对症下药，确定项目实施策略，招募项目团队成员。在项目策划期间，风险和机遇识别得越充分、应对风险和捕获机遇的计划越详尽，项目实施时的效果就越明显。人无远虑，必有近忧，如同项目的需求捕获工作，越早执行、执行得越彻底，其正向作用就越明显。在识别了风险和机遇后，需要严格按照通用程序要求进行记录和跟踪，这项活动应由专门的项目团队成员负责（全职还是兼职则根据项目复杂程度和风险/机遇的数量确定，其实归根结底取决于相关工作量的大小[1]），使用专用的信息化工具，并及时在项目团队内通报状态。项目结束后的总结过程中，梳理风险和机遇管理成果是项目团队的关键工作之一，其目的是回顾管理过程的有效性，整理成功应对风险、捕获机遇的经验，建立具有普遍指导意义的案例库，检视通用流程的合理性等。上述三类活动覆盖了项目从启动到结束的全生命周期，有联系也各有特点，只有实施了这所有三类活动，才表明该项目符合风险和机遇全生命周期管理的最低要求。

## 6.2　项目风险和机遇管理方法

### 6.2.1　风险管理主要利益攸关方

管理工作之所以复杂，不是因为管理人员需要掌握高精尖的理论知识、需要

---

[1]　国有企业比较习惯于通过设立专门的组织机构来凸显某些管理活动的重要性，因此也倾向于在项目中成立专门的风险管理团队。虽然此举对大型的项目而言确有必要，但是从某些方面特别是适用性来讲，其实降低了全员风险管理以及建立真正的风险文化的有效性——人们很容易将风险管理的职责归属到风险管理团队，而不是主动承担风险管理的责任。因此想强调的是，成立专门团队不是风险管理的前提和必要动作。

操作精密复杂的仪器、需要日积月累的工匠经验，而是因为管理人员面对的是活生生的人和动态变化的组织机构。有意思的是，在人类科技文明已经高度发达的今天，我们对人的认识还是显得肤浅，尤其是涉及人的心理学、社会学层面的行为，仍然缺乏足够的数据和数学模型去准确描述，更不用说精确预测了。暂且不论对作为社会体的人采用数学模型加以描述是否合乎科学规律，单论其行为的难以预测性，便将管理工作复杂化了。产品越复杂，参与研发项目的单位和人员就越多，沟通、协调的界面就越复杂，需要决策的场景和层级也越多，继而对决策依据的输入需求也越大。这些需求除了来自自然科学规律、可以通过明确的数学模型和公式加以表述之外，大部分来自所谓的利益攸关方。按照《中国商用飞机有限责任公司系统工程手册》的定义，利益攸关方是指"能影响项目决策、活动或结果的个人、群体或组织，以及会受或自认为会受项目决策、活动或结果影响的个人、群体或组织"[15]。任何商用飞机研制项目都涉及一系列的利益攸关方，《中国商用飞机有限责任公司系统工程手册》就针对商用飞机研制项目提供了一个项目级的利益攸关方来源表，现在将这张表简化后在表6-1中展示。从表6-1中可以看出，项目的利益攸关方分成六个类型，包括客户、运营保障、投资方、供应商、监管方以及主制造商，而每一类型又可以识别出多个利益攸关方。需要指出的是，每个商用飞机研制项目的利益攸关方虽然类似，但是不一定一模一样，遗漏利益攸关方会导致需求捕获不足，而重复或多余的利益攸关方又会导致项目资源投入的浪费。因此，正确识别项目利益攸关方，继而捕获所有的需求，是项目启动时以及项目实施过程中非常关键的一项常态化工作。同理，风险管理是项目管理的一项工具，项目风险管理工作是项目管理活动的重要组成部分，识别项目风险管理利益攸关方并且捕获这些利益攸关方在风险管理上的需求，是项目风险管理实施过程中的一项常态化活动。

　　风险管理利益攸关方的识别可以基于潜在风险来源的梳理结果开展。按照国资委印发的《中央企业全面风险管理指引》（参见5.2.3节）中的指导意见，将企业风险分为战略风险、财务风险、市场风险、运营风险、法律风险等5大类别（一级风险），并细化成51项二级风险（见图6-1）。项目风险的主要来源对应

表 6-1  商用飞机研制项目利益攸关方来源表

| 利 益 攸 关 方 类 型 | 利 益 攸 关 方 |
| --- | --- |
| SH1. 客户 | SH1.1 航空公司 |
| | SH1.2 租赁公司 |
| | SH1.3 飞行员 |
| SH2. 运营保障 | SH2.1 机场 |
| SH3. 投资方 | SH3.1 政府 |
| | SH3.2 企业/集团 |
| SH4. 供应商 | SH4.1 设计供应商 |
| | SH4.2 试验供应商 |
| SH5. 监管方 | SH5.1 适航 |
| SH6. 主制造商 | SH6.1 顶层战略规划 |
| | SH6.2 设计 |
| | SH6.3 客服 |
| | SH6.4 试飞 |

上述企业二级风险，设置"战略、项目运行、项目财务、项目管理、技术、市场、政策法律和其他"等 8 类项目风险类型，并以此为指导，进行利益攸关方的识别。与项目利益攸关方识别模式不同的是，风险利益攸关方的识别不是基于产品工作场景，而是基于这些利益攸关方对风险源头的影响或受其影响的程度。例如，在法律风险下可以细分出知识产权风险，与此相关的利益攸关方包括工程技术团队、供应商（若有）、公司知识产权管理团队（法律顾问）、国家专利主管机构等。在项目实施过程中，上述利益攸关方会对与知识产权相关的活动产生自身的诉求或受其影响，通过捕获这些诉求和影响，项目团队可以及时掌握风险动向并按需做出反应。

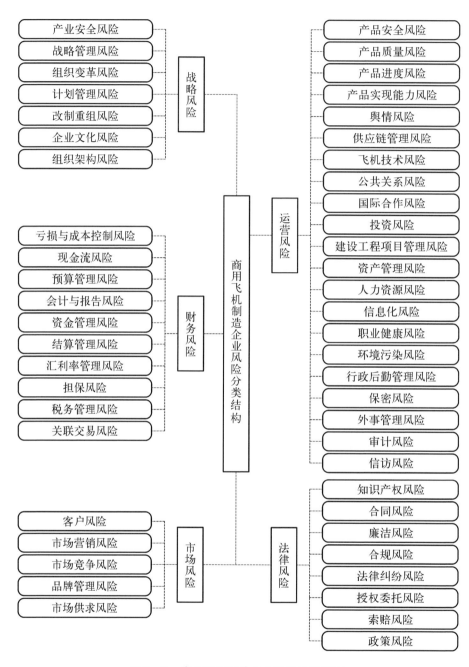

**图6-1 商用飞机制造企业风险分类结构**

### 6.2.2 初始信息搜集

初始信息搜集是《中央企业全面风险管理指引》中专门要求的，这和常规的项目风险管理理论方法的关注点略有不同，特别指出了需要企业搜集与本企业风险和风险管理相关的内部、外部初始信息，包括历史数据和未来预测。对应到项目的风险管理初始信息搜集方面，其实是加强原先在风险识别中的相关工作内容，要求在项目实施过程中，有针对性地持续关注和搜集对项目正常开展造成影响的风险信息，作为开展风险辨识工作的基础。

首先是基于《中央企业全面风险管理指引》中战略风险、财务风险、市场风险、运营风险、法律风险等5大类信息的搜集。因应型号项目的特点，针对上述5大类风险，按照更细化的指南进行：项目战略方面，重点关注战略管理风险、计划管理风险和组织架构风险；财务管理方面重点关注亏损与成本控制风险、现金流风险、预算管理风险、资金管理风险和汇利率管理风险；市场方面重点关注客户风险、市场营销风险、市场竞争风险、品牌管理风险和市场供求风险；项目运营方面重点关注产品安全风险、产品质量风险、供应链管理风险、国际合作风险、产品进度风险、保密风险；法律方面重点关注知识产权风险、合规风险、法律纠纷风险和政策风险。

其次，除了上述5大类风险来源的信息之外，在项目管理、技术和技术管理以及其他特殊领域的风险还应重点参考和关注来自下列方面的信息。

（1）项目风险分解结构（resource breakdown structure，RBS）——结构化的项目风险分解分类，详见6.3.1节。

（2）商用飞机产品全生命周期各阶段风险源线索表——细化后的风险源快速索引，详见6.3.2节。

（3）项目风险管理案例库——建立在项目信息化管理平台中的商用飞机研发项目风险管理实例、经验和教训，特别是通过关键词搜索等技术提供同领域、同类型相同或相似风险的表现、根本原因、应对措施、应对效果等参考信息，以避免出现在复杂产品研制中的风险种类繁多、数量巨大，人工辨识容易出现错失、遗漏、重复和判据不一的情形。

最后，值得一再强调的是，基于风险源信息的复杂性、多样化和动态变化的特点，初始信息的搜集不但应是全方位的（即如同《中央企业全面风险管理指引》中要求的一样，初始信息搜集的责任是需要落实到企业中的各职能部门和业务单位上的），而且应是信息技术化的，没有或缺乏强大的信息化平台的支撑，信息搜集得越多、资源耗费得越多，效果倒有可能越差。

## 6.3 项目风险和机遇管理工具

### 6.3.1 风险分解结构

风险分解结构（RBS）是通过分解分析法，使复杂的项目按照某种分类原则，以层级结构显示出可能发生的风险分类和风险子分类。在风险管理中，通常结合风险源线索表（参见 6.3.2 节）来引导相关方进行全面的、一致的风险识别，是风险识别的有力工具。编制科学、合理的风险分解结构是开展风险管理活动的重要基础。

项目风险分解结构的编制原则和方法类似于项目工作分解结构（work breakdown structure，WBS）的编制原则和方法，在编制过程中，主要遵循以下原则。

（1）全面性。RBS 应尽可能覆盖项目全生命周期中可能出现的所有风险源。建议在分解项目级 RBS 的过程中，按照项目从立项到运行交付的全生命周期，梳理各阶段影响项目顺利开展的相关要素对项目产生的风险，比如内、外部政策环境、技术、市场、财务、项目管理、项目财务、项目运行等一级分类，再逐级往下分解。

（2）关键性。风险无处不在，风险管理也讲究投入资源和管控效果的平衡性，即达到"以最小的风险管理成本获得最大的产品保证，将项目风险控制在可承受范围内"的目标。因此，RBS 应尽可能包含那些导致风险发生概率大、后果和影响比较严重的风险源，避免纳入那些不怎么可能发生，后果和影响小的风险源或问题。RBS 是在全面梳理的基础上抓关键、抓重点。

（3）引导性。RBS 是引导相关方开展风险识别的工具，对于复杂产品研制项目 RBS 的分解，要求简明扼要地反映项目研发过程中各要素、各专业风险所具有的共性特征，以一定的通用性，引导各专业领域/团队开展风险识别。

（4）动态性。在项目研制的不同阶段，影响项目的重要风险因素是不断变化的，根据该阶段的研制目标和研制特征，补充、完善关键性风险源，并重新进行排序，按需实时调整，以保持 RBS 的有效性。

（5）目标性。RBS 的分解在风险管理活动的目标框架下展开，也就是说，基于风险管理活动所覆盖的业务层级，进行相应的 RBS 分解。例如，基于具体型号项目的 RBS 主要研究该型号项目研制周期内风险的分类分层分解结果，其有别于基于公司经营风险管理的 RBS。后者主要研究公司业务经营的内、外部因素全面风险的分类、分层、分解结果，管理活动的范围更大，关注的风险因素类别覆盖更广，侧重点也应有所不同。

完整的项目 RBS 由两部分构成：风险分解结构框架和单元编制说明，如图 6-2 所示。风险分解结构框架展示了风险分类的层级结构全貌，是由系列风险

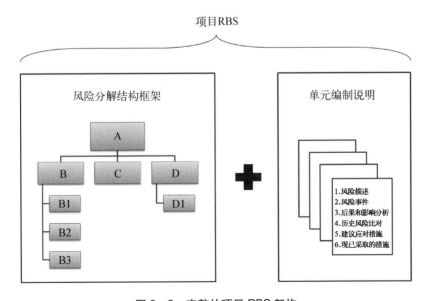

**图 6-2 完整的项目 RBS 架构**

单元组成的树状结构，同一层级的风险单元对应的管理颗粒度应该是一致的，同一层级的不同风险单元的组合共同组成了上一级风险单元的关键风险源。下级风险单元是对上级风险单元科目的细化，细化的层级数可以结合项目的复杂度以及项目管理组织管理需求而定，确保层级清晰，职责明确，以便得到有效实施和落实。各风险分类单元包含风险源条目，风险源条目给出了该风险类别的描述、可能产生的风险事件及影响分析。各风险单元配套相应的编制说明，可以帮助 RBS 使用者理解并开展风险识别。单元编制说明包括风险描述、可能发生的风险事件以及后果和影响分析。常用的风险分解结构分解方法包括比较类推法、自上而下法、发散归纳法和系统分析法等，或者综合运用上述方法以保证合理性和适用性。

RBS 编码原则与 WBS 编码原则也基本一致，即需要符合以下原则。

（1）唯一性：每一个编码对象仅对应一个代码。

（2）可扩展性：在对 RBS 进行编码时，允许进行风险分类单元的细化和补充。

（3）易识别性：编码能反映风险类别和隶属关系。

（4）分解层级一致性：建议分解至三到四层级。

通过编码体系，可以很容易识别 RBS 单元的层级关系、分组类别和特性。图 6-3 展示一种采用线分类法的项目 RBS 编码结构。线分类法非常适合需要深层次扩展的编码结构。在线分类编码中，下一层级的单元与上一层级的单元之间是隶属关系，同位单元之间是并列关系。上一层级的任一单元应包容由它派生出来的下一层级的全部单元；同一划分基准产生的同位单元之间应不重复，不交叉。数字型代码用十进制数字表示，每 2 位数字为一组。各组分别对应分类层次结构中的一个类别。单元代码的左端为高位，对应大类，依次递减；右端为低位，对应小类。每一层的两位数字编码从"01"开始，最多可编至"99"①。图

---

① 理论上，每一层编码到 99 说明同一层可存在多达 99 个风险源。虽然从数量上讲通常是够用的，但在实际应用中，一般不建议超过 15。原因是 RBS 毕竟不同于 WBS，以指导性为主，考虑到管理成本，仅关注风险源而不是风险本身，会陷入空耗管理资源的教条主义，不符合项目管理的初衷。

6-4展示了一个RBS编码实例。编号为"R0201"的RBS单元代表"工程设计风险"单元，其中"R"代表"某项目RBS"，前两位数字"02"代表"技术风险"单元，后两位数字"01"代表"工程设计风险"单元，工程设计风险是技术风险的一个子类别；同样地，"R0201…15"代表在上述工程设计风险子类别下具体的"某专业规范未确定"风险条目。

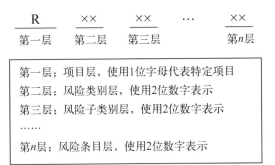

图6-3 项目RBS编码结构（采用线分类法）

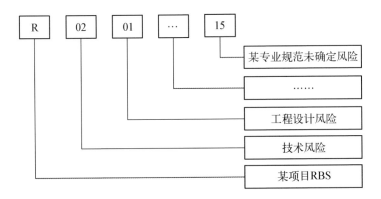

图6-4 某项目RBS编码实例

项目RBS的最佳应用场景是项目立项前后以及主要项目阶段转换期间。立项前的潜在风险和机遇识别及分析是对项目本身的赢利能力、达成项目目标的可能性进行完整评判的重要依据。项目立项之后，项目策划工作也需要在顶层RBS框架的指导下进行具体细化，以进一步理清潜在风险。每个项目的转段期是集中资源，统一梳理和评估已知及未知风险的合适时间点，而且正确识别剩余风险、评价前期风险管理效果是项目转段评审、门禁管理中必须关注的重点。同时，项目 RBS 在应用过程中也需要尽量避免以下误区：首先如前所述，简单地将 RBS 等同于 WBS，过度细化，投入过多的资源，过早地梳理、识别高度动态的具体风险条目；其次是将建立 RBS 形式化、报告化，以始为终，一旦形成 RBS 就认为一了百了，而不注重更新和持续追踪；最后是机械地使用 RBS，在项目进入具体实施阶段后，仍然使用 RBS 作为项目日常风险管理工具，而不是依照项目实际需求使用简便、快速的工具和方法。

对商用飞机这样的复杂产品研发项目而言，系统化地梳理、识别风险来源，建立在项目全生命周期内具有指导意义的项目风险分解结构有着重要的作用。图 6-5 展示了一种吸收了《中央企业全面风险管理指引》中关于风险分类的思路，结合中国商用飞机研制经验的通用项目风险分解结构，供参考。

### 6.3.2  研制阶段风险源线索表

从前几节的工具介绍中可以看到，商用飞机作为极其复杂的高科技产品，项目研制周期长、阶段多，其间，各类利益攸关方不仅数量大而且种类不一，都有各自的诉求，这些诉求还有可能是相互矛盾、极难协调的。那么如何保证和确认在风险管理过程中不遗漏、不重复潜在风险，而且可以让数以千计的项目发起人、项目管理人员和项目团队成员遵从一致的理念和方法，进行合理的风险识别工作呢？研制阶段风险源线索表是一个行之有效的方案。所谓的风险源线索表，其实是依据商用飞机产品研制规律，在长期型号研制实践的经验教训基础上，按照符合中国商用飞机制造行业特点及工作习惯梳理总结的风险识别检查单。这个线索表是动态管理的，但是同一时间只能有一个有效版本，供企业内所有的飞机研制项目使用，以保证步伐统一、结果规范。表 6-2 给出了商用飞机风险源线索表样例以及部分常见的设计过程风险源内容。值得指出的是，风险源线索表不是项目的风险列表，线索表内列举的风险虽然可能在任何类型的型号项目中存在，但不一定全部同时存在，也不一定包含特定项目的所有可能风险。项目从业人员需要按照研制程序和风险管理程序的要求，在特定的阶段、规定的时间点，

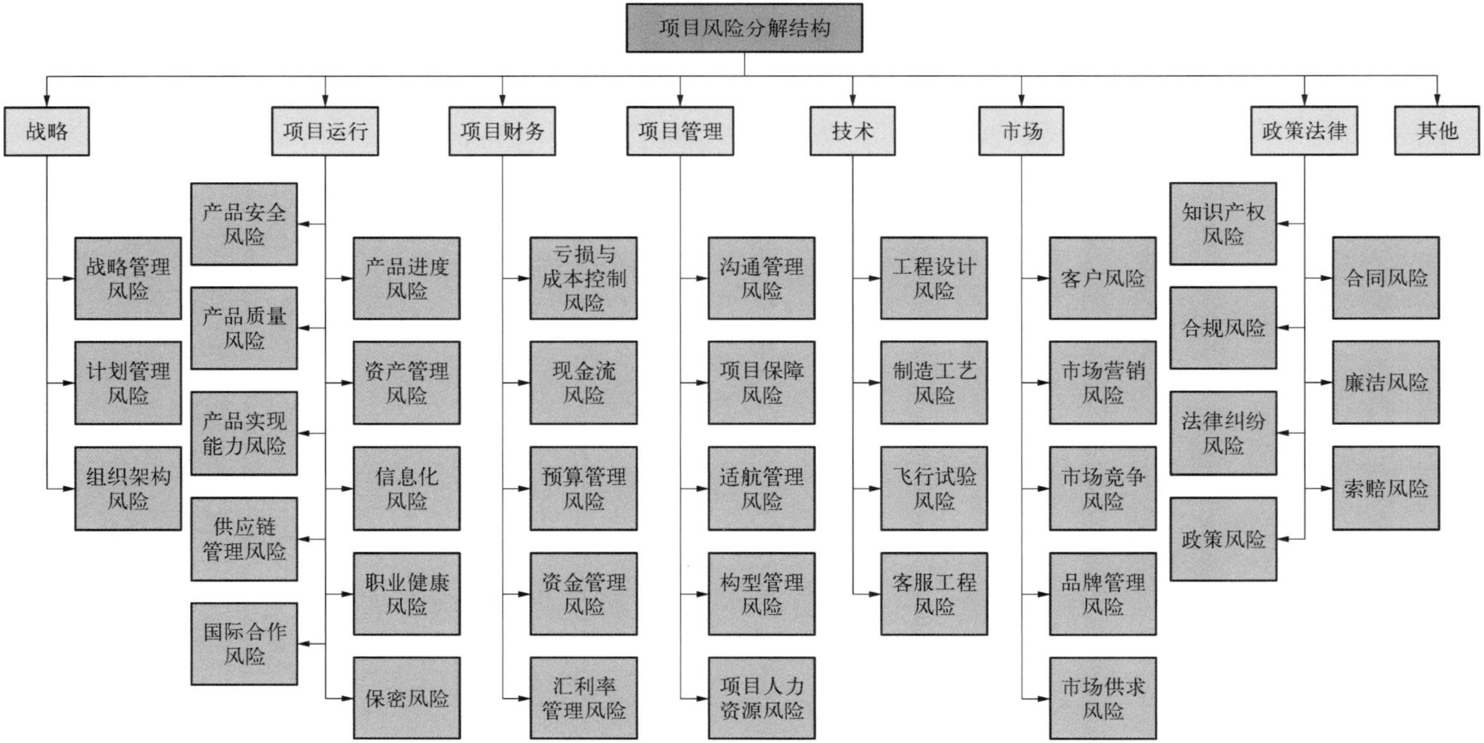

第6章 项目风险和机遇管理实践

图 6-5 项目风险结构分解样例

111

表6-2　商用飞机研制阶段风险源线索表样例

| 型号研制阶段 | 风 险 源 线 索 |
|---|---|
| 需求与概念论证阶段 | 需求与概念论证中新技术成分采用过多<br>需求与概念论证中大型试验考虑不当<br>需求与概念论证不充分，对难点与困难认识不足<br>不重视保障性要求<br>采用不成熟的新技术<br>各种要求的分配缺少权衡研究<br>接口协调不够<br>引用标准裁剪不准<br>未及早制定切实可行的费用目标<br>进度目标不切实际，难以实现<br>未开展工艺可行性分析<br>技术风险对费用和进度影响的考虑不够<br>…… |
| 初步设计、详细设计、全面试制阶段（部分） | 权衡不周，分配不当<br>缺乏专门的设计分析（如 FMECA、FTA、安全性分析等）<br>生产定点不当与多变<br>对产品特点的分析不够<br>设计提出过高的工艺要求，制造能力达不到<br>未有或未实施适宜的设计准则、规范和程序<br>未在项目的早期启动试验规划、编制试验计划<br>试验方案不能保证取得可信的结果<br>设计提出过高的人员技能要求<br>使用不成熟或未经验证的技术、新材料或新工艺<br>对特殊过程的过程参数未进行鉴定或验证<br>加工工艺不稳定并经常更改<br>设施、设备不能满足工艺要求<br>缺乏自动化或半自动化的加工和测试手段<br>采购产品未经充分验证和筛选<br>缺乏构型管理系统保障，随意更改设计<br>设计分析缺少工具与指南<br>忽视可生产性设计<br>投资进程不稳定或资金不能及时到位<br>冗余性能过剩<br>技术风险对费用和进度的影响考虑不够<br>…… |

| 型号研制阶段 | 风险源线索 |
|---|---|
| 全面试制阶段（部分） | 构型疏于管理<br>制造计划缺乏人员培训规划和具体实施措施<br>没有制定合理经济的工艺路线<br>工艺规程编制脱离现场实际<br>专用工艺装备和设备不完善<br>缺乏工艺技术验证<br>缺乏对工艺人员和工人的培训<br>工艺文件准备不充分<br>对采购质量控制不严<br>工艺更改失控<br>多余物控制不严<br>对不合格品未及时采取措施<br>工艺装备及设备不适应产品设计的需要<br>试验未考虑最终使用环境，未考虑使用周期的极端情况和最恶劣的环境条件<br>重大更改或改型后未进行验证<br>产品试验验证不充分<br>技术风险对费用和进度影响的考虑不够<br>…… |
| 产品与服务验收阶段 | 设计中未考虑用户的人力和技能保障情况<br>未提供可靠的和可维修的测试设备<br>未提供与飞机型号同等质量的备件<br>技术手册构型与产品实际构型不协调，难以看懂<br>…… |

利用风险源线索表等风险识别工具，尽可能无遗漏地梳理潜在的风险，通过风险评估，排出风险等级，制订相应的应对措施。所以说，不能简单地将风险源线索表等同于风险清单，"以不变应万变"，每个项目都是同样的一组风险，陷入形式主义和教条主义。

### 6.3.3　风险的识别、分析和评价

风险识别、风险分析和风险评价都属于风险评估过程。风险评估是指对项目

风险进行辨识，对风险所产生的原因及风险可能造成的后果进行分析，对风险概率及后果的严重程度进行量化评价，并对所有风险进行排序的过程。风险评估可发生在项目全生命周期的任何阶段。在这一过程中，使用规范、统一的检查单被证明可以有效地提高辨识率和准确性，减少分析结论的歧义，提升评价的客观性；同时，检查单的形式同样适合线下和线上使用，也非常容易通过信息化手段实现及保存。检查单必须由项目经理签字认可，并且注明日期后存档，以便提供后续总结、分享和考核依据。

1）风险发起及识别检查单

风险评估的第一步是风险识别。在前期确立了主要利益攸关方、搜集了初始信息或者已经建立了项目的初始风险案例库，每一个独立的项目团队应定期或不定期地配合 RBS 的指导，在各自项目范围内开展风险识别活动，利用"风险发起检查单"（见表 6‐3）及"风险识别检查单"（见表 6‐4）对初始风险信息进行筛选。风险发起检查单使用统一的判定准则，快速排除被错误识别的问题，并将潜在的风险及时通知风险管理人[①]。由于风险可以由项目团队内或者项目利益攸关方的任何人发起，因此使用该检查单既提供了一个正规的通报渠道，也能防止人为因素导致的漏报和瞒报。风险识别检查单是对被发起的风险进行进一步确认，以保证风险管理人对发起的风险有足够的认识，并完成应对风险的基本工作（比如正确描述、提供发生概率和危害性信息、前期沟通协调等），同时降低通过报告风险而转嫁工作职责的可能性。

在填写上述检查单时，会涉及以下相关风险信息，而编制使用这些信息也必须符合一些基本要求：

（1）风险事件描述。

（2）风险潜在后果。

（3）风险发生概率。

（4）导致风险事件发生的可能原因（可选）。

---

① 风险管理人并不意味着其是风险的应对人或措施实施人，但是相关风险直接影响到该管理人的交付目标，其有责任全面了解和跟踪被识别的风险。

表 6－3　风险发起检查单

| | 风险发起检查单 | | |
|---|---|---|---|
| | 项目团队 | | |
| | 检查人 | | |
| 序号 | 根据简单判据，确认是"风险"还是"问题"及适用流程 | 是 | 否 |
| 1 | 待识别的所谓风险事件是否已经发生或必将发生？若"是"，请转到序号 5。 | | |
| 2 | 你是否能明确且定量地描述待识别风险将造成的直接后果？若"否"，请转到序号 6。 | | |
| 3 | 该后果是否是你或你团队项目任务的一部分？若"否"，请转到序号 7。 | | |
| 4 | 请启动风险识别流程。本流程停止。 | | |
| 5 | 待识别的是"问题"，而非"风险"，请按照问题管理流程处理。本流程停止。 | | |
| 6 | 请确认风险所造成的直接后果内容及量级后，再使用本检查单。本流程停止。 | | |
| 7 | 请通知相关团队和风险管理人。本流程停止。 | | |
| 结论 | | | |
| | 检查人签字及日期 | | |
| | 项目经理签字及日期 | | |

表 6－4　风险识别检查单

| | 风险识别检查单 | | |
|---|---|---|---|
| | 项目团队 | | |
| | 检查人 | | |
| 序号 | 当下述问题的答案均为"是"时，风险有效。<br>风险发起人应提供可量化的依据支持回答内容 | 是 | 否 |
| 1 | 你是否已使用风险发起检查单并确认是风险？ | | |

（续表）

| 序号 | 当下述问题的答案均为"是"时，风险有效。风险发起人应提供可量化的依据支持回答内容 | 是 | 否 |
|---|---|---|---|
| 2 | 有潜在风险的项目任务是否已通过正式途径发布，如 WBS、年度计划等？ | | |
| 3 | 你是否能准确描述该项目任务的交付物/输出物和输入条件/依赖项？ | | |
| 4 | 你是否能明确地指出除上述输入条件之外造成该后果的所有原因？ | | |
| 5 | 你或你的团队是否不具备应对一个或多个风险原因的条件（资源、权限、能力等）？ | | |
| 6 | 根据你的判断，应对该风险是否需要以下一种或多种条件：a）增加资源（人力、经费等）；b）跨（同级或上级）团队协作；c）额外技术/管理能力/资质培训；d）额外时间；e）额外权限；f）其他？ | | |
| 7 | 你或你的团队是否就该待识别风险进行过横向协调？ | | |
| 8 | 你或你的团队的上级团队是否就该待识别风险进行过横向协调？ | | |
| 结论 | | | |

| | |
|---|---|
| 检查人签字及日期 | |
| 项目经理签字及日期 | |

（5）风险应对措施（可选）。

其中风险事件描述、风险潜在后果以及风险发生概率是必须要有初步结论的，虽然后续正式的风险分析过程会将上述内容细化和量化，但是没有初步定性会给接下去的其他风险管理步骤带来困难和挑战。一般而言，在初步识别了风险发生的可能性（发生概率）、后果的严重程度和对项目目标的影响（潜在后果）、风险应对措施的可行性及可能产生的效果后，才建议进行风险的描述。风险描述的内容包括将引起负面后果的事件（风险）及其发生的概率或可能性、发生的后果或影响等信息。风险描述应体现风险的传递性。推荐的风险描述标准格式如下："当（某种或多种不确定或不希望见到的事件，即'风险'）由于（某种原因或条件）以（极低概率、低概率、中等概率、高概率、极高概率，即'发生概率'）发生时，将会造成（某种特定的直接后果，即'潜在后果'）"。其中，后果或影响描述可以为一个或多个。例如，当"三鸟联试准备工作推迟一个月"以"高概率"发生时，将会造成"首飞推迟三个月以及阶段成本上升5%"。发生概率和潜在后果等级的分类及评判原则等内容见6.3.4节。需要引起注意的是，风险描述中应尽可能提供精确的量化数据，以支持后续的风险分析、评价及应对，因为笼统的、大而化之的风险描述不但会给风险正确排序带来困难，而且会因为大量相近的描述导致主观评价成分加重，风险管理的模式和工具形同虚设。

2）风险分析

风险分析是在风险识别以及初步分析的基础上，对风险发生的可能性、后果的严重程度、对项目目标的影响等进行深入研究，对风险事件进行更为详尽、准确的定位和定量描述，风险分析结果为确定风险等级以及后续风险是否可接受的判定提供了依据。风险分析结果至少应包括以下内容：

（1）风险发生的可能性（发生概率）。

（2）后果的严重程度和其对项目目标的影响（潜在后果）。

（3）风险应对措施的可行性及其可产生的效果。

风险分析过程通常应由比较固定的专家团队来进行。这些专家（subject matter expert，SME）至少应该包括对项目风险与机遇管理流程熟悉、对评判原则有经验的人员，对商用飞机研发过程有实践经验的人员，以及对潜在风险将影响的项目领域（包括技术、业务、机制、支持等）熟悉并有实践经验的人员。之所以强调团队应固定，一来是为了尽可能在项目实施全过程保持评判标准的统一性和连续性；二来便于维持一支比较独立的、受项目风险管理组织直接指导的团队提供客观、中立的分析和评价，分享应对策略。如果在机构内，没有一个独立的风险管理专家委员会或专家库之类的组织，则企业或项目团队建立自身的风险管理专家库是一种比较理想和长久的方案。至于风险分析的具体手段方法，各种通用的风险管理书籍的相关介绍不胜枚举，这里为避免浪费读者的时间，就不再展示和表述了，只要同一个项目遵循的方法统一、合适并被认可，具体采用何种方法其实并不那么重要。

3）风险评价

风险评价是风险评估过程的最后一步，是风险深度分析的延续，主要包括确定风险等级、判断风险是否可接受、推荐进一步措施等工作，其目的是通过风险评价确定风险管理的优先级，寻找应重点关注的风险。进行风险评价的人员可以与进行风险分析的人员不同，但最好是同一批专家。不过无论如何，进行最终风险评价之前需要运用第三张检查单——风险评估/再评估检查单（见表6-5）。该检查单的用途是防止前期工作不成熟的潜在风险流入下一道程序，导致项目管理资源的无效使用。由于风险很可能会经历等级调整等变更，需要在应对过程中实施动态监控，所以本检查单同样适用于项目风险库中已被评估但需要被再次评估的风险①。

表6-5　风险评估/再评估检查单

| 风险的评估/再评估检查单 | | | | |
|---|---|---|---|---|
| 项目团队 | | | | |
| 检查人 | | | | |
| 序号 | 评估专家组在做分析、评估结论时应保证下述问题得到合理回答 | 是 | 否 | 不适用 |
| 1 | 风险的识别是否得到确认和批准？ | | | |
| 2 | 风险是否达到评估或再评估条件？ | | | |
| 3 | "风险后果"是否唯一？ | | | |
| 4 | "风险原因"是否唯一？是否需要分解提交多个风险？ | | | |
| 5 | 对于风险的描述是否符合要求？ | | | |

①　风险再评估也要满足并符合事先确立的再评估准则和条件。

| 序号 | 评估专家组在做分析、评估结论时应保证下述<br>问题得到合理回答 | 是 | 否 | 不适用 |
|------|------------------------------------------|-----|-----|--------|
| 6 | 风险等级初评结果是否合理？ | | | |
| 7 | 风险发起人是否已提供合适并有效的书面依据支持风险状态的变更？ | | | |
| 8 | 风险应对计划是否正式发布？ | | | |
| 9 | 风险应对计划的执行是否有效？ | | | |
| 10 | 风险相关方、额外评审专家等是否已指定或建议？ | | | |
| 11 | 风险再评估原则是否已确定？ | | | |
| 12 | 本评估是否需要上级团队审批？ | | | |
| 结论 | | | | |
| 检查人签字及日期 | | | | |
| 项目经理签字及日期 | | | | |

　　通过风险评估/再评估检查的风险可以进行风险评价，风险评价结论用以确定或调整风险的等级，并依据风险等级对所有风险进行排序，标识优先级。风险等级的确定使用行业流行的二维打分法——一个维度是"风险事件发生的可能性评价等级"，另一个维度是"风险事件的影响性评价等级"。风险事件发生的可能性评价使用五个等级加以表示：极高（5）、高等（4）、中等（3）、低等（2）、极低（1）。有的企业和组织会采用具体的百分比量化可能性等级，之所以不采用这种方式是因为对于大多数不确定的风险事件，很难运用或采集到足够及合适的数据，通过单一的数学模型来确定风险发生的可能性；同时复杂产品研制项目面临的大规模风险数量使得量化本身的工作量巨大，并且为此付出的管理成本远超过实际回报[1]。风险事件发生的可能性评价等级使用表6-6中的判断准则确

———————
① 当然，在大数据技术发展并普及之后，情况也许会有根本性的改变，可以做出相应的调整。

定。按照判断准则的描述，显然100%可能发生（即一定发生）和0%可能发生（即一定不发生）的事件应被排除在风险范围之外[①]。

表6－6　风险事件发生可能性评价等级判断准则表

| 级别 | 概率描述 | 准　　　则 |
| --- | --- | --- |
| 5 | 极高 | 可能性非常高，几乎是必然发生的（但并非绝对） |
| 4 | 高等 | 可能性较高，可重复发生，或经常发生 |
| 3 | 中等 | 可能性中等，偶然发生，相似问题偶然发生 |
| 2 | 低等 | 可能性较低，相对少，发生的问题可孤立地隔离处理 |
| 1 | 极低 | 可能性极低，几乎不可能发生 |

风险事件的影响性评价同样分为五个等级：极高（5）、高等（4）、中等（3）、低等（2）、极低（1）。由于风险影响的范围较广，因此根据行业特点再细分成四个方面：项目成本、进度、范围、质量。更为严格的行业习惯可以再增加一个单独的"安全"维度，加以控制。风险事件影响性评价等级使用表6－7的判断准则确定，并且以高等级的值为准。判断准则的具体使用方法应依据具体组织机构的项目管理要求和应用的工具方法加以调整和定制，比如进度影响判据中的"关键路径"也可以表示为"重点计划""刚性计划"等进度节点不能轻易调整的计划对象。判断延误影响程度时，若项目起讫点明确、进度已知，则可以优先采用百分比形式；若进度未知或更关注具体时间节点，则可采用固定时间周期的形式等。

### 6.3.4　风险分类及评判准则

经风险评估过程（含风险识别、分析和评价等步骤）确定的风险事件发生的可能性及风险事件的影响性评价等级可以用来计算风险事件实际发生的概率指

---

①　虽然显得有些像一句废话，但是在实际使用过程中，将明知要发生、会发生的负面事件仍强行定为风险的例子比比皆是。所以，不得不在这里继续老生常谈一把。

表 6-7 风险事件影响性评价等级判断准则表

| 项目目标 | 影响等级 | 1 | 2 | 3 | 4 | 5 |
| --- | --- | --- | --- | --- | --- | --- |
| | | 极低 | 低等 | 中等 | 高等 | 极高 |
| 成本 | | 成本增加不显著 | 成本增加小于10% | 成本增加10%～20% | 成本增加21%～40% | 成本增加大于40% |
| 进度 | | 不影响关键路径且延误不显著 | 不影响关键路径且延误小于5%或2周 | 不影响关键路径且延误5%～10%或1个月 | 不影响关键路径且延误11%～20%或2个月 | 影响关键路径或延误大于20%或2个月 |
| 范围 | | 范围减少微不足道 | 范围的次要方面受到影响 | 范围的主要方面受到影响 | 范围缩小到发起人不能接受 | 项目最终结果没有实际用途 |
| 质量 | | 质量下降对性能的影响微不足道 | 质量下降仅对要求极高的性能部分产生影响 | 质量导致的性能下降需要客户的审批 | 质量导致的性能下降到客户不能接受 | 最终产品没有实际用途 |

数（简称为"风险概率指数"，risk probability number，RPN），按照风险概率指数对风险进行分类，实施针对性的处理。风险概率指数是综合了风险事件发生的可能性及影响后果的量化指标，其计算公式如式（6-1）所示。根据风险事件发生的可能性评价等级和风险事件的影响性评价等级的取值范围，风险概率指数的结果为 1～25。风险概率等级与数值成正比，通常而言，数值越大，风险越高。项目对风险概率指数大小进行排序，将风险概率指数高（即发生可能性高、影响大或两者兼而有之）的风险事件确定为重点关注的对象。

风险概率指数 = 风险事件发生的可能性评价等级×风险事件的影响性评价等级

(6-1)

直接使用风险概率指数对风险分类是一种最简洁的方法，但是很显然会把操作过程搞得很复杂，给后续的跟踪管理带来一系列体量上的问题。管理学理论不止一次地证明，20%的问题影响了80%的项目目标，只要抓住重点，项目目标就能受控，风险管理也是如此，因此需要对风险分类进行明确且高效的定义。为此，我们引进"风险概率等级"（在日常使用中，也常常被简化为"风险等级"）的概念——依照风险概率指数将项目风险划分为五个等级：严重（20～25，共3种组合）、高等（10～16，共7种组合）、中等（4～9，共9种组合）、低等（2～4，共5种组合）和极低（1，仅1种组合）。可以发现，上述分类等级内，中等和低等风险的概率指数有重叠部分，有两种中等风险组合（"可能性极低+影响性高"以及"可能性高+影响性低"）和一种低等风险组合（可能性及影响性均为低）的风险概率指数相同却分属不同的风险等级。之所以出现这样的情形，与项目组织对风险事件关注的具体重点有关，也与同类项目历史案例中哪几类风险组合发生频率更高有关。所以说，风险等级的分类准则一定是基于项目组织及其所在行业的实际场景、工作习惯、工具流程、历史规律而定，不存在固定的、一成不变的定式，在移植应用时也需要特别注意。

在使用风险概率等级的过程中，有两条重要的执行原则对复杂产品研发尤为关键。一条是风险的等级一般仅在项目团队承担的项目范围内有效。由于复杂产品研制团队通常都有多个层级，经较低层级项目团队确认的高等级风险不一定就自然而然地成为其上级项目团队的高等级风险，因此在风险的通报、责任转移、跟踪管理等过程中，保持动态评估以确定适合的应对手段和资源是项目风险管理的必选动作，这一点在实际应用中经常被忽略。另一条是通过风险分类，项目团队应将不同等级的风险与风险所有人的职责权限预先联系起来，一旦风险等级确定，就由具备调动所需应对资源的人员接手管理，避免临时指定、临时规划场景下经常会造成的争执、推诿以及管理缺乏规律的现象。关于这两条执行原则，在第8章中还会专题展开、详细阐述。

### 6.3.5 风险概率指数矩阵

在日常项目管理中，进展汇报、信息分享和指令传递都是必不可少的沟通手段，在商用飞机研制项目中，无时无刻不在产生大量需要流通的信息、大量需要进行管理决策的情形，因此图表化的视觉管理工具备受欢迎，而基于可视化工具进行快速、精准的项目决策更是项目管理的重要发展方向。风险概率指数矩阵就是这样一种可视化工具，被用以展示项目的风险状态，如图 6-6 所示。风险概率指数矩阵（简称为"风险矩阵"或称为"风险等级分布图"）使用一个二维的框图，其横轴（或横向维度）表示风险事件发生的可能性评价等级，其纵轴（或纵向维度）表示风险事件的影响性评价等级。2 个维度均由低到高分为 5 个区间，纵横交错之后形成 25 个单元格，并使用红色、橙色、黄色、绿色和蓝色对应严重、高等、中等、低等和极低 5 个风险等级。

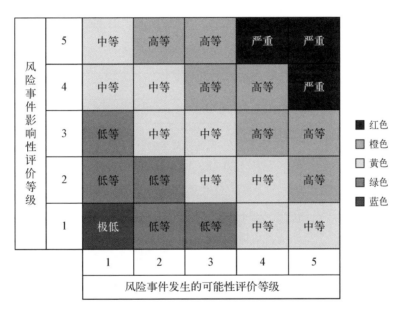

图 6-6　风险概率指数矩阵（风险矩阵）

在实际使用过程中，将经风险评估确认了等级的名称或者编号填入图 6-6 对应的单元格中，一个项目团队使用一个风险矩阵，展示某一时间点的所有项目风险状态（包括数量和分布）。当风险数量过大，无法填写所有的风险编号时，可以通过在相应的单元格内填入该等级风险总数的方式展示。图 6-7 和图 6-8 给出了两个使用示例，其中图 6-7 经常应用于小型或低层级的项目，而图 6-8 更多地被应用于大型或高层级的项目。风险矩阵在项目通报进展的各类场合，例如进展报告、项目绩效报告、项目周报、项目例会、项目回顾会、项目结束总结

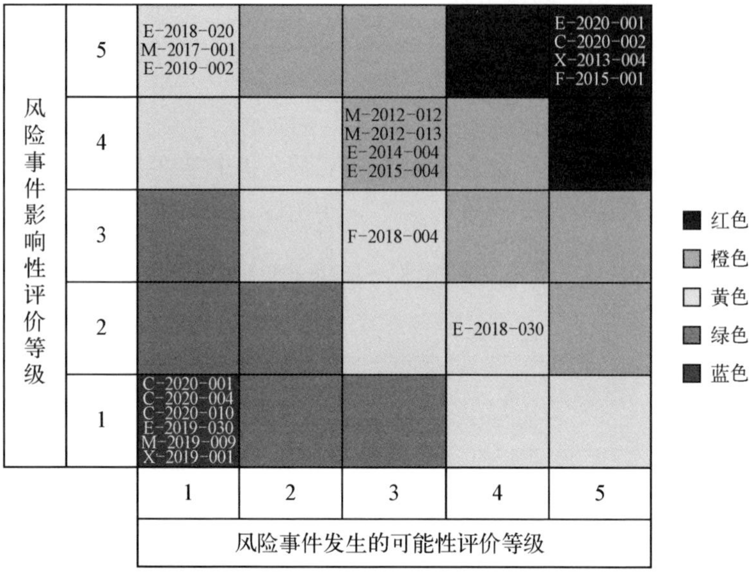

| | 5 | E-2018-020<br>M-2017-001<br>E-2019-002 | | | | E-2020-001<br>C-2020-002<br>X-2013-004<br>F-2015-001 |
|---|---|---|---|---|---|---|
| 风险事件影响性评价等级 | 4 | | | M-2012-012<br>M-2012-013<br>E-2014-004<br>E-2015-004 | | |
| | 3 | | | F-2018-004 | | |
| | 2 | | | | E-2018-030 | |
| | 1 | C-2020-001<br>C-2020-004<br>C-2020-010<br>E-2019-030<br>M-2019-009<br>X-2019-001 | | | | |
| | | 1 | 2 | 3 | 4 | 5 |
| | | 风险事件发生的可能性评价等级 | | | | |

■ 红色
▨ 橙色
□ 黄色
▩ 绿色
■ 蓝色

图 6-7 风险矩阵示例一

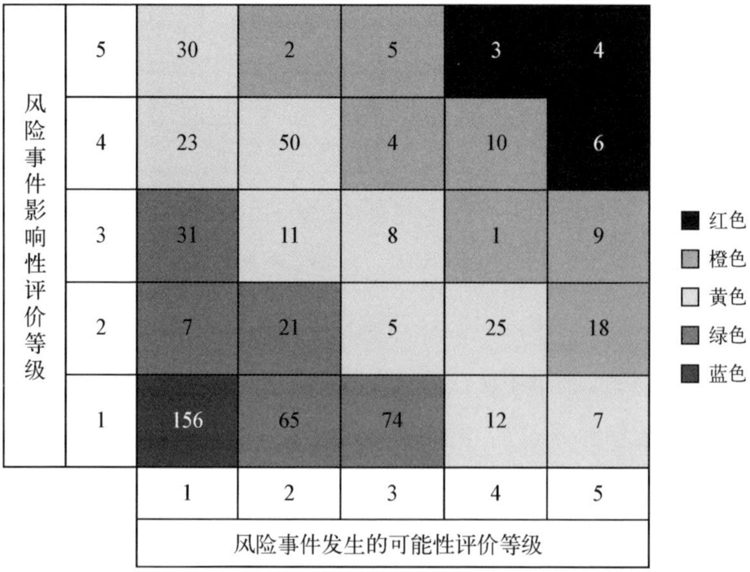

| | 5 | 30 | 2 | 5 | 3 | 4 |
|---|---|---|---|---|---|---|
| 风险事件影响性评价等级 | 4 | 23 | 50 | 4 | 10 | 6 |
| | 3 | 31 | 11 | 8 | 1 | 9 |
| | 2 | 7 | 21 | 5 | 25 | 18 |
| | 1 | 156 | 65 | 74 | 12 | 7 |
| | | 1 | 2 | 3 | 4 | 5 |
| | | 风险事件发生的可能性评价等级 | | | | |

■ 红色
▨ 橙色
□ 黄色
▩ 绿色
■ 蓝色

图 6-8 风险矩阵示例二

等场合中是必不可少的展示工具之一。直观地讲，本行业主流企业的项目管理过程中，可以从对风险矩阵的使用以及使用的效果反映该项目风险管理的成熟度。

### 6.3.6 风险应对计划和风险应急预案

经过风险评估过程确立或等级调整后的风险需要根据项目指定的风险管理流程逐一应对。风险应对包括提出一个或多个备选的风险管理策略[①]、评估和确定可行的风险管控措施、实施风险管控措施等活动，以使每一个风险等级降低到可接受或可控的程度。风险应对可以分解为两个必要的过程，即风险应对计划和风险应急预案的制订和管理。

1）风险应对计划的制订和管理

风险应对计划的制订和管理包括确定风险管理策略、制定风险管控措施、确定完成标识和时间三项主要活动。

我们采用四种类型的风险管理策略：风险规避、风险转移、风险缓解、风险接受。风险规避通常应用在高等级风险（严重或高等）应对中，由于项目或实施项目的企业本身条件（包括能力、资源、内外部环境等）的限制而无法在项目允许的时间周期内将风险等级降低至可控的范围内，因此需要规避引起风险事件的原因。这种规避包含改变实现相关项目目标的途径和手段，甚至是调整项目目标本身[②]。风险转移是将特定风险的应对责任和主要活动由当前的风险所有人转移到另外一个项目团队、更高层级的项目团队或者其他项目利益攸关方，以解决当前风险应对责任人暂时不具备应对该风险的条件的情形[③]。正常情况下，项目应对风险的主要策略是风险缓解——在具备应对条件的前提下，项目风险应对责任人实施一系列相互关联的活动，使得特定风险事件发生的可能性或影响降低，或两者同时降低，以降低风险概率指数，达到降低风险等级的目的[④]。风险

---

① "风险管理策略"这一术语沿用自《中央企业全面风险管理指引》，在本行业主流企业项目管理的语境下，该词与"风险应对措施""应对手段"或者"风险应对方法"等含义相同，请读者注意。
② 风险规避的运用示例可以参见7.2节。
③ 风险转移的运用示例可以参见7.3节以及7.5节。
④ 风险缓解的运用示例可以参见7.1节以及7.2节。

接受一般是指不采取特定的、消耗额外资源的手段，认可风险并接受现状的应对策略，接受风险不等于不监控风险，也不表明被接受的风险一定是低等级的①。确定风险管理策略时，应在多个风险应对可能选项中参照以下的优先级排序，以保证应对措施有效：消除引发风险事件的原因→降低风险发生的可能性→减小或限制风险事件的影响→加强风险事件的检测和预警。需要指出的是，风险管理策略的结果不是完全非此即彼的选择，对于具有复杂成因的风险，可以通过风险分解简化应对场景，或者针对不同成因采取不同的风险管理策略组合。

风险应对计划制订和管理的第二步是围绕确定后的风险管理策略，制定风险管控措施。管控措施的内容包括达成风险管理策略的步骤、细化的应对工作计划、预计的应对效果、判定风险可接受的准则、风险应对责任人等。在制定和评价风险管控措施时，应充分考虑可能由执行风险应对管控措施产生的次生风险，必要时应增加风险辨识、分析、评价过程，并将相应的措施一并纳入风险应对计划。在制定项目风险可接受标准时，应兼顾风险管理的经济性、项目的技术成熟度，以及项目的管理成熟度等因素。可接受准则可以是定性的，也可以是定量的。例如，可以通过确定可接受的 RPN 最大值来定义可接受的准则。一般情况下，在图 6-6 中处于绿色和蓝色区域（低等和极低）的风险均可接受；但同时，项目团队的风险最终负责人（如项目经理）对风险是否可接受有最终决策权，如果该决策与风险可接受原则冲突，则应在风险记录中做出明确说明，必要时，应注明时限，并在项目进展状态报告中加以监控跟踪。

风险应对计划制订和管理的第三步也是最后一步，便是确定风险应对完成的标识和完成时间。选择合适的应对完成标识是保证合理运用项目管理资源的一种做法，当项目风险受控后，项目就可以尽快释放资源以完成其他项目工作②。基于上述风险可接受准则，每个具体项目针对特定风险，应明确其具体应对已完成或无须继续应对的条件。对于判定为可接受的风险，可以根据预先约定或按照程

---

① 严格来讲，低等级（低等和极低）的风险可以直接使用风险接受策略，但是可以根据项目需要接受高等级风险，或者对受到高层重视的低等级风险实行继续降险等措施。

② 放任无限期的风险应对、不应对风险都是项目管理不作为的表现，而这种现象在实际工作中并不少见。

序决策选取相应的后续监控跟踪措施：不再采取特别的措施来继续控制这些风险，仅仅需要实时监控其变化；或者允许持续采用不需投入额外项目资源的风险应对措施。对于确认可接受的风险，无须再制订风险应对计划，但是应在风险记录中明确填写可接受的原因并持续监督。在复杂产品研制项目中，供应商风险管理是非常关键的一环。当风险管控措施及实施计划涉及供应商时，项目应确保以下两点：对由供应商制订的风险管控措施和实施计划，供应商应及时提交并接受项目评估；对由项目人员编制但需要供应商配合实施的风险应对计划，应尽早邀请相关供应商参与策划、编制和评估工作。

2）风险应急预案的制定和管理

实施风险应急预案是项目风险管理过程中防范风险的最后一道防线。之所以这么说，是因为按照本书对风险的定义（参见 1.2 节），应急预案的启动已经意味着风险演变成了问题，项目管理的焦点已经从风险管理进入问题管理的范畴。一旦风险应急预案失效或成果有限，常规的风险管理途径、手段、工具和方法一般已不够有用，需要按照项目问题管理的流程进行处理①。风险应急预案的制定和管理包括确定应急启动准则（条件）、应急计划和预案执行负责人。

何时启动应急预案从理论上讲非常简单，但是具体选择什么样的时机启动、怎样启动、动用什么样的项目甚至项目外部的资源启动对项目而言会是一项关键，尤其是对商用飞机研发这样受到高度关注的项目，确定启动准则也常常是一门学问。因此，风险应急预案管理中第一步是设定启动条件。启动条件因项目而异、因风险而异、因所需的应急资源而异，但是一般需考虑下述方面：确认风险事件发生的权威性（包括由谁、经过何种流程、按照何种证据进行确认），风险事件将会影响和波及的范围和层级，风险事件发生后应获悉的人员范围，公开风险事件发生的人员层级和职务，项目利益攸关方和公众对风险事件发生后的心理预期等。

在明确了应急预案启动条件或准则之后，接下来应编制相应的应急计划。对

---

① 项目的问题管理也是一门十分深奥的学问，可以另外著书说明，所以本书不再展开。

商用飞机研制项目，应急计划除了常规项目应急时需要考虑的纠偏措施之外，更要考虑诸如利益攸关方管理、公共关系管理等方面需要执行的活动、所需的资源（特别是正常项目实施时不一定会用到的资源）。编制应急计划也需要在合理的假设前提下进行，因为风险事件尚未发生，一些关键细节只能通过合理的假设进行推断，并据此编制对应的计划，所以应急预案内容要符合正常逻辑、适合大部分可能发生的场景，而不是包罗万象[①]。应急计划只在风险事件发生后执行，所以应急预案中所需的资源（包括预算、资金、人力、设备、场地等）需要在项目预算的应急储备中预留，以避免风险事件发生时因缺乏预算而陷于冗长的预算调整和审批流程，贻误应急所需的最佳时机，并导致应急计划的效果打折扣[②]。另外需要声明的是，虽然应急预案承担了问题处理的部分功能，但应急计划毕竟不是正式的问题处理措施，风险应急预案管理也不能替代正常的项目问题管理机制和流程。

风险应急预案制定和管理的最后一步是确定应急计划和预案执行负责人。之所以该步骤要单独讨论，是因为合适的执行人对应急预案和应急计划的实施效果起到了无可替代的作用。首先，跟前述的启动应急预案需具备的条件相似，特别是公众关注度高的项目风险事件会直接对项目的形象、前景、发起人/投资人/利益攸关方的信心产生负面影响，预案的执行人需要具备在重压和高曝光度下正确实施计划的基本素质。其次，预案的实施和项目问题管理流程的运行也会交织在一起，预案的执行人需要对两种流程和机制的差别及各自的用途清晰掌握、熟练运用，并和问题处理流程责任人一起统筹协调，针对现实中的输入变化，及时调整或整合应急预案，以期获得最佳效果，所以预案的执行人至少应具备一个资深项目经理的技能和素质。最后，任何项目风险以及相关的应对都不会是孤立存在的，风险事件发生后，既可能有横向的影响和共模效应，也可能有纵向的继承、借鉴、警示的意义，需要通过风险预案的执行人来共享教训、推广经验，因此缺乏系

---

[①] 例如，我们买车时上保险其实就是制订了一个应急计划——用以保证一旦发生车祸，可以有足够的措施和途径，最大限度地减少财产损失和人身伤害。但是，保费与保额及承保范围成正比，所以哪怕在路上撞毁一辆劳斯莱斯的概率并不为零，正常情况下为一部普通家庭轿车投保的最高理赔额也不会超过一百万。

[②] 商用飞机研制项目的典型应急场景是过程中飞机出现重大事故。由于商用飞机项目的开放性，缺乏应急预案的项目团队往往难以应对这类突发事件，造成重大且负面的舆情后果。

统工程的大局观、墨守成规、无法举一反三进行总结的个人也难当此大任。

### 6.3.7 风险登记册

对风险事件管理而言，没有记录就无法度量，没有度量就无法比较，没有比较就无从知晓其真实状态，没有真实状态就无从了解偏差和根本原因，没有找到根本原因就无法开展有针对性的应对工作。其实，这不仅是风险管理工作的写照，而且是众多管理活动的真实写照。遗憾的是，现实中没有数据、不讲事实、凭空决策、盲目行动的管理场景比比皆是，不一而足，这里就不赘述了，留在之后的第 8 章做详细讨论。这里想说的是，作为风险事件管理的记录手段或载体，风险登记册扮演了很重要的角色，并且被证实是有效的风险管理工具。事实上，单就形式而言，风险登记册也许是各个使用风险管理工具的项目团队用得最多的工具，哪怕其项目管理水平一般，也都能拿出一份像模像样的风险登记册。至于使用效果是否如愿，那便取决于项目团队，特别是项目管理人员对其承载的信息的认知、解读以及对项目最终决策的影响权重了。

简单而言，风险登记册其实就是关于项目风险事件"全数据"的记录。之所以强调"全数据"，是因为任何片面的、不完整的数据所呈现的都不一定是项目风险的真实状态，依靠这种不完整的数据做出的项目决策也将是不全面甚至是对项目有害的，应全力避免。随着信息技术的飞速发展以及大数据时代的来临，风险登记册的具体表现形式可能会由手工填写的线下数据表格演变成实时更新的移动数据库，但是其基本要求和实质内容是不变的，因此本节还是以目前最常用的电子表格格式为例，针对其使用加以诠释。风险登记册的使用起始于首次风险评估过程（关于风险评估详见 6.3.3 节）。风险事件经风险评价确定之后，即应登记在案。成熟、完整的风险登记册本身也是现成的项目风险案例库来源之一。登记风险信息时，其内容至少应包括以下方面。

（1）风险编号——用以快速索引和标识某一具体风险的代号。根据项目规模与复杂程度，编号可以是简单的流水号，也可以由项目或企业统一规定，通过风险编号直接显示风险级别、所属团队、识别时间等信息。风险编号是风险管理过程中信息沟通的主要要素之一。

（2）风险（事件）描述——关于风险事件本身的客观陈述。应使用规范、统一的语式和格式对风险事件进行精确表达，表达内容应不容易在项目团队内部及利益攸关方之间产生歧义。

（3）（风险）后果及影响——关于风险事件所引起的可能（潜在）后果及其对项目目标影响的客观陈述。风险后果及影响的分析应针对本项目的直接目标，而不应该过度关注其间接、后续、连带、衍生等影响，更不应使用间接性影响替代直接影响。

（4）（风险）发生概率——关于风险事件发生概率的推断结论。无论定性或定量的概率性论述，都必须遵循项目层面统一的判断准则，而不应由具体风险发起人、管理人员或评估专家随机决定。

（5）（导致）风险（事件发生的根本）原因——关于导致风险事件发生的根本原因的客观陈述。风险应对的效果好坏直接取决于其根本原因的定位和描述，根本原因越清晰、定位越准确，应对措施的针对性通常就越明显，效果也会越好。但是，在初次评估某一风险时，分析出来的风险原因并不一定是导致风险产生的根本原因，而往往是比较容易识别、呈现在表面的直接原因。引入独立的风险评估主题专家，并强调这些专家在风险评估中的重要性的首要原因就是帮助项目团队找到引起风险的根本原因。

（6）风险状态——关于受监控风险应对状态的描述。风险状态是为了给项目管理者和项目利益攸关方快速地了解项目风险管理现状提供一种显性化标识，并依此进行针对性的分析、分类和资源分配。一般风险状态可以分为"新增""应对中""关闭"①"待定"等，或按照项目组织的工作习惯及要求进行分类，基本

---

① "风险关闭"一说其实是伪命题，因为风险一旦被识别，其发生的可能性就始终存在，风险是无法被人为关闭的。之所以有这一说法，笔者考证是早期在引进风险管理理论时，已经习惯于问题导向的从业者们将"问题关闭"这一术语想当然地移植到已受控，并不再花费资源监控的风险状态表达上，同时以"风险关闭率"来展示风险管理的成果。所谓的"风险关闭"其实有两种可能场景，一是风险受控，不再需要投入资源监控；二是风险发生，变成问题，不能再通过风险管理流程处理。我们沿用了"关闭"的术语一方面是为了尊重历史和习惯，另一方面也为了尽量减少因术语调整而造成的困扰及负面影响，但是，清晰的术语定义和培训是必不可少的。

原则是分类的标准和含义，要提前沟通并达成共识。

其他在风险登记册中应该记录的信息内容还可能包括以下几方面。

（1）风险管理策略——关于风险应对方式选择的描述。对照6.3.6节中"风险应对计划的制订和管理"的介绍，风险管理策略或风险应对措施应为风险规避、风险转移、风险缓解、风险接受中的一种或多种的组合。

（2）风险责任人——负责监控、跟踪风险状态，发展并组织、协调风险管理策略落地的项目团队成员。风险责任人需要拥有调动应对风险资源的权限和能力。在还没有或无法确定风险责任人时，被识别风险所在的项目团队的项目经理是风险责任人。

（3）风险等级——关于项目风险的分类描述。风险等级其实是一个间接的计算结果，但是等级的评定使风险指数矩阵（参见6.3.5节）的使用成为可能。

（4）预计（风险）应对完成时间——关于应对计划完成节点的描述。原则上讲，风险登记册不是项目的计划，所有带时间节点的信息通常应由项目实施计划统一管理并跟踪；对于风险应对而言，更重要的其实是风险达到可接受状态的准则。但是，按照本行业的工作习惯，项目团队更愿意关注有节点要求的任务，因此应对完成时间成为风险登记册的一个信息选项。值得注意的是，这里的时间节点必须与对应的项目实施计划相匹配，并以实施计划的节点为准。

图6-9展示了一个风险登记册示例。在信息化手段日渐发达，应用日渐普遍的大趋势下，风险登记册记录的信息可以远远超出示例中的范围，并且不会受到线下表格单元记录和显示字数的约束，也能结合风险再评估数据，动态、实时地展现风险的变化历史，为项目风险应对以及项目决策提供更为可靠和全面的依据。

### 6.3.8　层次化的风险管理

项目是层次化管理的，尤其是在复杂产品研制项目中，只有将项目的工作对

## 风险登记册

项目名称/编号：　　　　团队名称/代号：　　　　填写时间：　　　　填写人：

| 风险编号 | 风险评估 | | | | | | | | 风险应对 | | | | | 风险监控 | |
|---|---|---|---|---|---|---|---|---|---|---|---|---|---|---|---|
| | 风险描述 | 后果及影响 | 发生概率 | 风险原因 | 可能性评价等级 | 影响性评价等级 | 风险概率指数 | 风险等级 | 风险管理策略 | 风险责任人 | 风险管控措施 | 预计应对完成时间 | 管控措施责任人 | 管控措施落实情况 | 风险状态 |
| （显示风险级别、所属团队、识别时间等信息） | （规范、统一的语式和格式，精确表述，描述不应产生歧义） | （针对项目直接目标，不使用间接性影响表述直接影响） | （遵循项目层面统一的判断准则，不应随机决定） | （导致风险事件发生的根本原因，不接受替代原因的客观陈述） | （遵循判定准则） | （遵循判定准则） | （按公式计算） | （项目风险的分类描述） | （规避、转移、缓解或接受） | （拥有调动应对风险资源的权限） | （风险管理策略的细化和落地） | （必须与对应的项目实施计划相匹配） | （措施执行人） | （风险应对的进展和存在的问题） | （新增、应对中、关闭、待定等） |
| | 必填项 | | | | | | 计算项重要项 | | 重要项 | | 重要项 | | | 必填项 | |

图6-9 风险登记册示例

象按照工作分解结构逐层简化到独立的交付产品①时，才能有效管理项目目标。同样地，基于项目的风险管理也必须是层次化的，但是风险管理的层次化还有其特殊性。

首先，项目是企业实现其产品战略的手段。因此，任何项目的实施必然受到企业或发起项目组织的约束，有着企业或发起项目组织的特征和烙印。项目风险管理就是能体现这种约束和烙印的典型领域。在 5.2.3 节中，我们介绍了国资委下发的《中央企业全面风险管理指引》的要求与规定，因此在中国商用飞机制造领域，项目风险管理的规定、流程甚至术语和概念的运用必须基于国资委的实施要求框架，在企业全面风险管理顶层规定之下，有针对性地细化和落地。企业全面风险管理的重要构成部分是关键风险指标（key risk indicator，KRI），是代表某一风险领域变化情况，并可定期监控的统计指标。一般而言，项目管理领域是企业重点关注的领域，因此，在项目管理领域设置 KRI 就是企业落实风险责任的层次化管理。例如，当企业对项目管理领域设置的 KRI 为"项目计划开展率"时，各级项目组织就必须在风险策划阶段，围绕着该 KRI 将指标按照其触发值和临界值的规定进行量化分解，保证项目风险识别过程有据可查；在风险评估阶段，重点关注会导致进度影响的风险事件，梳理根本原因；在风险应对阶段，将相关资源向应对进度风险倾斜，保证风险得到有效控制；在风险监控阶段，密切关注 KRI 的变化与趋势，及时采取调整措施，以保证 KRI 受控。需要注意的是，由于 KRI 是从企业的整体角度提出的顶层要求，无法替代各个项目风险管理的特殊需求，因此简单地用企业 KRI 充当项目风险监控指标往往会导致项目风险管理过于粗放、实效差、浪费资源。

其次，项目团队内部层次化风险管理取决于并围绕着项目范围而展开。基于清晰的项目目标以及合理的项目工作分解结构，项目团队可以明确界定其项目范

---

① 这种独立产品的定义也是分层次的，比如说，对整个商用飞机研制项目，其独立交付的产品对象之一是飞机本身，是能满足利益攸关方所有需求的整机。而飞机上安装的发动机的具体结构如何实现，不是商用飞机研制项目团队需要刻意关心的，顶层团队将发动机的研制变成一个独立的项目，设立对应的项目目标就可以了；而发动机项目的独立交付产品之一便是发动机，除了与飞机的接口以及发动机的运营场景，其他也不是发动机项目团队需要关注的主要内容。

围；同时，复杂或规模较大的项目也通过工作结构分解，将项目任务逐级分解下沉，按照各级项目团队的交付物设定项目范围。每个项目团队被界定的项目范围就是该团队项目风险管理的范围，而每个特定项目团队所关注的风险就应该限定于其项目范围内的给定目标，包括项目的交付物、质量、安全、进度、成本等。如此，项目团队在识别风险的时候，就会专注于直接影响其自身项目目标实现的风险事件，分析并梳理导致这些风险事件发生的根本原因，项目风险管理的针对性和实用性才有可能体现。在商用飞机研发项目中，如果一个负责部组件开发的团队识别出影响整机交付的高等级风险，则被通报的项目利益攸关方就需要多问几个为什么，严格按照风险管理程序和判断准则检查其合理性和有效性。若该部组件研发的目标与整机交付目标没有明显交集，也不在项目计划的关键路径之上，那就非常有必要对通报的该风险进行再评估，以防止团队有意无意地通过夸大风险事件的后续影响而提升风险等级，减缓本团队所应承担的责任压力。

最后，层次化的风险管理要求责任和工作能够分解下去，也能回收上来，形成运作良好的闭环系统。由于各个层级的项目团队的交付物差别可能很大，其所能调动或协调的项目资源规模也有明显区别，因此信息的流转速率和不对称现象同样可能造成对类似甚至相同风险的评价结果有所不同。比方说，下层级团队识别出来的因资源缺乏而形成的高等级风险在由上级团队评估时，因为有充分的可使用资源，所以其影响及后果会减轻，从而不再是高等级风险，甚至不需要进行监控。而有时，下层级团队识别出的一个质量性能风险，由于信息传递的滞后，团队未及时捕捉到该质量目标优先级已经发生变化，只按照既有目标将其定为一般等级风险，只有当上级评估统筹时，才有可能建立合适的风险等级及应对措施。

鉴于上述几个原因以及项目风险的层次化管理特点，我们建立了项目风险上报机制并强调其重要性。风险上报机制和将在6.3.9节中介绍的风险信息通报机制虽然在信息内容上会出现相同的部分，但工作目的和流程完全不同。风险上报机制关注的是风险自下而上的整合、筛选、排序和决策，是保证项目风险管理的责任能收回来的工具。建立并实施项目风险上报的基本原则和做法包括以下几点。

（1）项目风险负责人对风险的上报有最终决策权——本原则是强调项目风险负责人的基本权利及义务。作为本项目团队的风险负责人，是把握风险上报与否，维持机制正常运转的第一道关。在没有特别指定风险负责人时，团队项目经理通常是项目风险负责人。

（2）当风险应对所需要的资源或前置条件超出项目风险负责人可调动的范围时，项目风险负责人应上报风险——本原则是设置风险上报门槛，当提请上一级项目负责人介入时，应按需逐级上升，直至项目最高管理层。

（3）经评估等级为严重、高等和中等的风险必须上报到上一级项目——本原则是设置强制风险上报要求，上一级项目应负责对上报的风险进行再评估，按需调整等级、应对措施、资源分配，以保证有效应对①。

（4）经评估等级为低等和极低的风险，由本层级项目风险负责人监督，无须上报——本原则是设置风险上报门槛，避免无谓的信息流通，并且强调项目风险负责人的职责义务。

（5）最高项目层级的风险，经评估等级为严重、高等和中等的风险应上报公司管理层——本原则是设置强制风险上报要求。当项目风险负责人认定风险的影响后果需要公司管理层介入时也应及时上报公司经营层。

（6）已被辨识为公司级关注的重大风险的，应按照公司全面风险管理规定的要求和流程进行管理——本原则是设置强制风险上报要求，因应风险管理在公司范围内的层次化管理要求。

### 6.3.9　风险通报及状态监控

项目风险监控过程主要基于风险的通报机制，可以说没有良好、高效的风险通报就无法达成有效监控风险状态的目的。按照 6.3.8 节对层次化管理的要求，项目风险的通报机制和状态监控也践行层次化的做法，合理、高效的风险状态通

---

① 作为商业化的项目，成本意识是至关重要的，所以这里强调的有效应对的宗旨始终是以最小的代价、最少的资源将风险控制在可接受范围内。

报应满足清晰、及时、到位、充分但不冗余。所谓"清晰"就是通报的信息简洁明了、无歧义；"及时"就是通报的时效准确、风险的利益攸关方接收到的信息没有滞后，可以在合理的周期内进行反应；"到位"就是通报的信息要到达应去的地方、送到该接收的利益攸关方手中；"充分但不冗余"就是通报的信息应适量够用，既不缺失也不重复①。但是，不管是同级项目团队内部还是上下级项目团队之间，抑或是项目团队同外部利益攸关方沟通风险进展状态等信息，其最原始的数据依据是类似风险登记册的所谓"单一数据源"，是基于单一数据源的风险信息整合后对特定项目层级内的风险状态描述；或者说，在信息的来源和内容一致的情况下，不同的项目团队或成员通报和解读的只是基于其自身在项目中的角色和职责的状态，反映项目风险信息在某个特定视角下关注的内容，而绝不应是一人一说法，莫衷一是。项目风险状态的通报至少应包括以下几方面内容。

（1）最新项目风险统计信息——包括风险总量、风险等级分布以及发展趋势等。使用风险概率指数矩阵（参见 6.3.5 节）是最常见的方法，尤其是在规模较小或层级较低的项目中，往往一张填报准确的风险指数矩阵图便可以提供所有的项目风险状态信息。

（2）关键风险状态变化信息——关于项目重点关注、跟踪的风险的信息，供项目团队评判应对措施的有效性，并按需及时调整应对方式和力度。

（3）关注项——这些是特别需要上一级项目团队或项目发起人（投资人）关注的风险状态，往往是本项目团队或层级没有足够资源进行应对缓解的风险。

图 6－10 展示了一种使用中的项目风险状态信息周报模板，其中专门对新增风险项进行了通报。风险周报是最常用的一种通报形式，也是整个项目进展周报的一部分，随项目进展报告一起发布，并在常规项目例会中，作为会议的重要议程进行通报，其目的是确保项目管理组织获取所有必要的信息，以进行及时、有效的决策。当风险状态或应对执行结果存在问题时，应产生再评估需求并通报

① 读者很容易发现，风险信息的沟通原则其实同样适用于其他项目状态信息的通报。事实上，各种场景下的沟通原则也无外乎这几点，毕竟风险管理本来就是项目管理的有机组成部分，不能人为地割裂。

## 风险状态通报信息

### 1. 统计数据

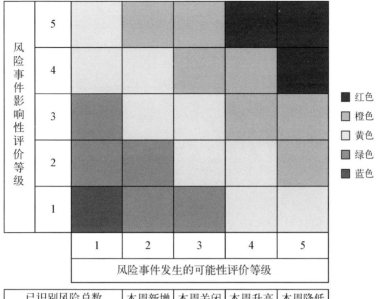

| 已识别风险总数 | 本周新增 | 本周关闭 | 本周升高 | 本周降低 |
|---|---|---|---|---|
|  |  |  |  |  |

注：

(1) 使用时将风险登记册中的风险编号填写至对应单元格中。当风险数量过大，无法在矩阵中填写所有编号时，填写对应的风险数量。

(2) 已识别风险总数：本项目已识别的所有风险数量。

(3) 本周新增：自上一统计周期（周）以来，新识别出的风险数量。

(4) 本周升高/降低：自上一统计周期（周）以来，有等级变化的风险数量。

(5) 本周关闭：自上一统计周期（周）以来，符合准则并被批准关闭的风险数量。

### 2. 风险状态

| 风险编号 | 风险描述 | 风险等级 | 应对状态 |
|---|---|---|---|
|  |  |  | — |
|  |  |  | ↑ |
|  |  |  | ↓ |

注：

(1) 仅需列举中等及以上风险；若超过10条，应使用附件。

(2) 风险描述摘选前15字，余下部分用省略号。

(3) 风险等级：按指数自"严重"至"极低"排序。

(4) 应对状态（非风险等级变化！）："—"表示应对计划执行正常；"↑"表示应对不力，可能导致风险升级；"↓"表示应对有效，风险等级可能降低。

### 3. 新增风险

| 风险编号 | 风险描述 | 风险等级 | 状　态 |
|---|---|---|---|
|  |  |  |  |
|  |  |  |  |
|  |  |  |  |

注：
（1）列举所有新增风险，风险需经评估，有编号并确认初始等级；若超过 5 条，应使用附件。
（2）风险描述摘选前 15 字，余下部分用省略号。
（3）状态：指新增风险处理状态，分为"计划中""应对中""待定"。

### 4. 风险关注项

注：
列举 1～2 条需要上一级团队关注的风险内容，例如风险变为问题，等级升高至严重，影响面跨团队或单位等。

**图 6-10　项目风险状态信息周报模板**

相关项目团队负责人。其他常见的国内本行业内的风险通报形式包括独立的风险月报、半年报和年报。普遍来讲，频次过低的风险状态通报只是一种行政简报或者回顾总结（review summary）的手段，而不是真正的项目管理工具，因为其无法保证最基本的项目管理动态和实时的需求。长期以来，国有企业计划、行政管理上的习惯，容易使管理者将上述两种不同的通报形式混淆，以至于从事项目风险岗位的人员非常辛苦地搜集信息，编制了单独的风险月报、半年报和年报，却难以在项目的风险管控上及时发挥成效，不但没有让项目管理层充分认识到风险管理工具的重要性，而且常常挫伤了风险管理者们的积极性。因此，正确识别和区分项目风险状态通报信息和项目风险总结信息应引起项目管理人员充分重视。

当然，项目的风险信息通报和状态监控机制不应只到状态信息的通报为止，这仅仅是开始。所谓的监控机制一定是一个闭环系统，通过信息的获取以及与目标值的比较，及时采取调整措施，消除现状与目标之间的偏差，并尽可能保证调整过程对项目实施的影响和冲击最小（系统响应的振幅和频率足够小且快速收敛）。为了确保实现上述目的，首先，风险信息通报和状态监控应作为项目决策的一个常设输入和依据，在项目决策机制中占据明确地位；其次，项目团队应具备成熟且界限明确的风险管理流程和问题管理流程以供运用、实施；最后，项目团队应该建立明确的风险问责和奖惩机制，对漠视风险、只关注问题的项目成员及时进行调整、培训、问责，对重视风险、防范得力的项目成员进行嘉奖，并推广其经验。特别应该指出的是，项目风险管理的成败很大程度上取决于项目管理层，尤其是项目经理本身的风险管理理念、系统工程大局观以及对风险管理工具的掌握程度，而不是简单地靠指定几名特定的项目风险管理岗位人员就可以解决的。关于项目团队风险管理理念和文化的培养，后续将在第 8 章展开阐述。

## 6.4　本章小结

本章着重介绍中国商用飞机制造业，更精确地说是喷气式客机研发过程中的风险与机遇管理的实践。由于一方面，公开发布的这类资料很少；另一方面，工具和方法的应用本身需要结合其应用环境和场景进行定制和评价，所以本章涉及的工具和方法主要来自笔者亲历或者深度观察和有感悟的内容，总结的是笔者近十数年来，在这一管理领域中的探索和实际经验，其中许多信息是第一次从项目风险和机遇管理的角度进行解读和披露。笔者希望通过这些贴近真实场景的案例，反映中国商用飞机制造领域研发项目的风险与机遇管理现状，分享部分在探索过程中积累的成熟工具，供同行们参考。细心的读者会发现，很多工具和方法在经典的风险管理理论中都有介绍，但是又略有不同，而且本章里的工具以可执行层面的表单和操作步骤为主，更为实用。不过，需要强调的是，读者在借用这些工具和方法运用于自身项目的研制时，一定要做适应性裁剪。这里展示的工具和方法适用于目前的机制和体制下的中国商用飞机制造企业，并不一定代表其适合任何公司、任何项目，这也是笔者观察相关企业在经过多年实践、付出不菲的代价后深刻领会的道理之一。作为国有企业，遵守国资委等国家监管机构的规章制度是中国大多数商用飞机制造企业正常运作的前提，项目风险和机遇管理也不例外。近年来，国企全面风险管理的顶层要求不但趋向严格、规格提升，而且更加全方位和细致化，本章的叙述就从如何对接国资委出台的《中央企业全面风险管理指引》，建立正确的项目风险和机遇管理理念开始，逐一详细介绍了 2 种项目风险和机遇管理方法、9 类项目风险和机遇管理工具。

# 第7章 项目风险和机遇管理应用示例

俗话说"实践出真知""到底好不好，用过才知道"，这些道理用在项目风险和机遇管理的工具和方法上面再确切不过了。无论看上去多么华丽的理论、灿烂的形式、高深的模型、天花乱坠的应用，如果操作性不强、没有实效、不好用、没人用，仍然是一无是处，甚或是劳民伤财的。本章提供的应用示例就是希望将上一章介绍的相关工具和方法代入真实的商用飞机研发项目的场景中，让读者感性地体会到其实际的使用过程以及可能提供的使用效果；同时，也通过每个示例介绍之后的简短启示传递笔者在实践和观察中的一些感悟。需要指出的是，出于增加可读性的目的，也为了重点突出和关注项目风险和机遇管理的应用，所选取案例中的风险事件的存在和发生都有一定的普适意义，但不代表某一特定企业及特定产品，更不能将之作为中国商用飞机制造业的纪实来看待。而且，任何事件的发生背后都有其当时的背景和许多不为人知的发展历程，成因非常复杂，不是三言两语可以下定论的，而且探究成因也不是本书编写的主要目的。因此，读者需要留意的是这些工具和方法在产品生命周期的特定阶段和领域如何运用及发挥作用，而不是其他。

## 7.1 目标市场

在吉姆·柯林斯的另一本巨著 *Good to Great: Why Some Companies Make the Leap and Others Don't* [63] 中，描述了波音公司进入民用市场的例子。第二次世界大战期间，美国波音公司总共生产了近 10 万架战斗机，占美国第二次世界大战总军用飞机生产量的28%，其中包括数款著名的重型轰炸机，例如B－17"飞行堡垒"、B－29"超级飞行堡垒"（投放第一颗原子弹的载机）以及B－52"同温层堡垒"。冷战时期，波音的B－52也长期是美国最具战略威慑力和战术实力的轰炸机。但是第二次世界大战前后，美国民用飞机市场几乎被道格拉斯公司的螺旋桨飞机所垄断，甚至在波音考虑进入民用市场时，还有人质疑这老牌的军用飞机生产商是否有必要转型。不过波音的经营层及时认识到民用航空市场的发展前景，尤其是喷气式客机的时代即将到来，这是一个巨大的商机。于是1955年，波音公司就开发并交付了其第一款喷气式民航客机——波音707，跻身世界上第一批拥有喷气式客机的飞机制造商，从此成就了一代民机行业的"巨无霸"。

当然时至今日，在一个非常成熟的市场经济环境内，确定产品的市场定位除了需要上述例子中的激情、勇气和具备能力的团队之外，成熟、规范的工具和流程也不可或缺，并且越来越被认为是保障结论合理的重要手段。现在我们就以进入需求与概念论证阶段的商用飞机产品为例，看看在这个阶段如何应用风险和机遇管理手段。假设某飞机研发项目的目标是研制一款有市场竞争力的新型国产双通道宽体喷气式客机，团队应该如何起步？这一目标从操作层面上看其实非常宏观，简单分解一下，就能发现有若干个具体问题需要回答：目标面向哪一个细分市场？竞争力体现在什么地方？所谓"新型"的真实定义是什么，和谁比？诸如此类不一一列举。作为一项投资巨大、高成本、长周期、低利润率的复杂产品研发项目，起步时的战略方向实在是太重要了，而从风险和机遇管理的角度讲，这时候的风险和机遇都处于最大值。本案例聚焦飞机目标市场确认的过程，展示一下风险和机遇管理的应用。

首先是风险和机遇管理流程中的初始信息搜集环节，一般重点应放在战略定位、需求捕获、产品研制能力、政策与法规风险等方面的信息搜集上。

在战略定位方面，众所周知，拥有强大的市场和战略分析团队的美国波音公司和欧洲空客公司在宽体客机领域是具有垄断地位的两大巨头，通常对于国际商用飞机市场的走向，业界均以波音和空客马首是瞻。可即便如此，两家公司也对未来市场的走向给出了截然不同的判断和结论——虽然双方都认同未来的天空会越来越"拥挤",但波音公司认定未来的航空市场应更多以点对点（point to point）的直航为主，以达到给枢纽机场减压的目的，因此推出了远程中型宽体客机型号波音787；而空客公司则认为以大型枢纽机场为核心的枢纽-辐射式（hub-spoke）运输方式仍是主流，因此研发了目前世界上唯一载客超过500人（采用四舱布局时可载客550人，单舱布局时更能达到惊人的853人[64]）的A380超大型宽体客机，期望能通过减少机场航班流量、提高效率的方式解决因客流增长导致的枢纽机场拥堵问题。单从技术角度讲，波音787和A380都是成功的——波音787是世界上第一架机身为复合材料的大型民航飞机，其研发过程中的技术应用和项目管理都具有跨时代的意义；A380也证明了空客公司研发和生产超大型飞机的能力，同时弥补了其在超大型飞机市场的空白。但从目前市场的反馈来看，A380的定位出现了明显的偏差，市场订单一降再降，甚至有分析称其订单量（319架①）还无法达到计划的盈亏平衡点（420架）。2021年中，A380生产线正式停产，事实上其象征意义远大于实际意义，而波音787则大获全胜。强大如空客这样的企业都在A380上犯了"路线错误"，可想而知，在波音公司和空客公司几乎垄断着宽体客机市场的态势下，后进企业的新机型要想寻求突破口，抢占哪怕只是其中一小块市场，面临的最大难题就是准确的战略定位。

在需求捕获方面，要强调的是对客户需求正确理解的重要性。以空客公司研发A350前期的教训为鉴，面对波音公司承诺波音787的耗油量可比A330低20%的压力，客户们纷纷催促空客公司提供一款能与波音787竞争的新飞机，A350项目的上马显得有些仓促。起初空客公司提议研制一种在A330的基础上改善空气动力设计及引擎的衍生型，称为"A330–200Lite"，但航空公司不满其性能改善幅度太小，因此空客不得不宣布投入40亿欧元进行新方案设计，并将新机型定名为"A350"。早期的A350仍与A330十分类似，直接继承了与A330、A340相同的机身结构，仅配上新的机翼、引擎及水平稳定翼，采用新的复合材料和制造机身的方法，令A350"差不多"成为一款全新飞机。不过，新方案没

---

① 按照空客官网信息，最终净订单（net orders）仅为251架。

有得到用户的支持，不但遭受了各家航空公司铺天盖地的批评（要求空客公司为业界带来一架全新设计的飞机），还面临着流失大量客户的风险。最终迫于压力，空客公司在 2006 年又一次改进方案，对 A350 的概念进行了一次重大探讨研究，并全面开展全新设计，改进后的飞机与之前的机型几乎完全不同，被命名为"A350XWB"。事实证明，A350XWB 机型具有很强的市场竞争力，虽然服役时间比波音 787 晚了很多年，但已经逐步能够与波音 787 平分宽体飞机市场，甚至有潜力挽回 A380 在市场上造成的颓势。然而，如果 A350 研发早期能够更加重视客户需求，及时决策，是否可以少冒被波音 787 领先市场份额的风险、减少前期投入、少走弯路呢？

在产品研制能力方面，应着重把握住一个要点——权衡。在确认目标市场的过程中，必须结合企业自身的研制能力，对自身研制能力认识过高或过低都会为项目的商业成功带来不利影响。从产品研制历史来看，大型宽体客机大多会采用在公务机、小型客机或者军机上已经成熟并经验证的新技术，整体风险偏低；但从市场竞争性角度来看，缺乏适当比例的新技术，一个新型号，尤其是一个市场的后来者开发的新机型想要赢得足够的市场（虎口拔牙）、获得商业成功是难以想象的。中国航空企业惯常的做法是在预先研究阶段按照技术成熟度尽早开展技术攻关，但是从国内研制能力和水平看，需要攻关的新技术不单数量多而且往往都很关键，在进行目标市场确定时，还无法对是否采用相关新技术直接下定论，导致目标市场确认的准确性存疑。由于这关系到决策的判断依据，因此需要提出一整套权衡的细化准则，以帮助缓解这一风险。

在政策与法规风险方面，由于宽体飞机不可避免地要飞往国外，因此需要取得国外的相关适航证照。各国关于航空运营的政策与法规有很大差异，在确定市场定位时因未详细研究潜在运营的政策与法规，结果不满足相关政策而导致项目失败的事例不在少数。比如著名的英法联合研制、至今为止投入过商业运行的唯一一款超声速客机"协和"式，由于其巡航速度达到了 2.02 马赫（声速的 2.02 倍，约 2 158 千米每小时），其起降噪声和突破声障时产生的声爆，都会对地面居民的生活造成严重影响。因为噪声扰民问题，美国联邦航空管理局（FAA）最终禁止了所有穿越北美大陆的超声速商业飞行，这直接砍掉了"协和"式客机的最大潜在市场。而欧洲飞往亚洲的部分航线也因为航线途经地国家的抗议而被迫取消，导致"协和"式客机订单进一步减少。加上2000年发生的法航4590致命空难，最终"协和"式客机于2003年彻底退出商用飞机舞台。虽然"协和"式客机的最终结局并不完全是由噪声扰民引起的，但是其直接导致了原定市场的萎缩，教训十分深刻。

在战略定位、需求捕获、产品研制能力、政策与法规风险等方面搜集了相关风险和机遇的信息，识别并确定了本阶段的主要风险和机遇后，根据上述分析，在本示例场景下，采取差异化竞争策略的方式来规避、缓解有关风险，并且捕获相关机遇是较为稳妥、折中的途径。全面分析近期市场主流宽体客机市场覆盖率，可以发现两种较为可能的市场切入点。一种被称为"非典型的市场"——在世界上航空运输集中地区的高客流量航线中，超过90%的航班航程小于1 500海里，但大部分用于此类航线的飞机设计航程都远大于1 500海里。长航程宽体飞机因其机翼面积较大，空重较高，在短程航线上使用时，设计性能特点得不到充分发挥，所以其燃油效率不具优势。近年来，人们开始关注中短航程宽体客机在人口稠密地区城市间运营的经济性。目前此类飞行主要是由A330执飞，单单中国的航空公司就运营着超过240架A330系列飞机，同时A330也是目前中国航空市场数量最多的宽体飞机机型，占据了超过50%的市场份额。不久之后，大量A330将迎来退役潮，市场上急需一款可替代A330的中短程宽体客机，执行城市间，尤其像北京、上海、广州等特大型城市间的飞行任务。另一种属于"典型的市场"——以国内特大型城市为出发点，能够实现跨洋飞行，直达美国西海岸的远程宽体客机。在波音公司发布的2022年《民用航空市场预测》[19]中，2022年至2041年的未来20年，远程宽体客机的总需求量为7 230架，这无疑是块很大、很诱人的蛋糕，即使是其中的一小部分也足以支撑一个新机型项目。

继续上述初步信息分析活动，进行深度风险和机遇分析后，可以得到如下初步结论：从市场战略定位来看，两种市场切入点都具有较为广阔的市场，但同时也存在着各自独特的风险。首先，目前市场上还没有中短程宽体客机，虽然波音也有启动波音 787‑3 的规划，试图通过优化的机翼和结构使波音 787 更加适合短程飞行，并在中型飞机市场上实现大型飞机的经济性，但目前尚未有任何实质性进展。其次，国内航空公司虽然用 A330 执飞很多内陆航线，但其实是通过采用中远程宽体客机执飞完国际航班后，再进行城际飞行。如若单纯采用中短程宽体客机，则其飞行航程有限，无法为航空公司提供更多、更灵活的航线安排，只能执行客运量大的城际飞行；如果执飞客运量较小的城际飞行，则经济性将远不如波音 737、A320 这样的单通道客机。最后，远程宽体客机虽然赢利能力更强，但是面对的竞争对手能力更为强劲，波音公司和空客公司的垄断优势明显，波音 787、A350 以及最新推出的波音 777X 均具备优越的飞行性能，这说明新机型将一服役就面临着直接和波音公司、空客公司的主力部队打遭遇战的风险。另外，虽然中短程宽体客机在市场上几乎不存在竞争对手，但其市场需求量过小，后续市场销售利润无法支撑巨额的研制经费；而远程宽体客机虽然竞争对手强劲，但市场容量大，且可以在座级、航程以及性能上进一步优化，形成局部优势和竞争力。备选方案的利弊分析清楚后，最后一步就是按照全面风险和机遇权衡分析的初步结论和判断准则进行最终决策，确定最适合企业和项目的市场定位。

案例的启示如下：世界航空市场的变化是反复无常的，难以预测的发展前景会毁掉即便是设计得最好的飞机。因此对于飞机研发而言，确定目标市场至关重要，加之飞机研发耗资巨大，确定目标市场的成败往往会彻底改变一家公司的命运，航空史上类似的例子不胜枚举。所以，只有充分搜集风险和机遇信息，汲取前车之鉴，认清自身实力，掌握客户需求，摸透市场机会，才有可能在"万事开头难"之际，不忘初心、不受迷惑，确定准确的战略方向。

## 7.2 结构材料

商用飞机研发项目立项之后，即进入可行性论证阶段。通常，新商用飞机项目在可行性论证初期的项目目标之一是性能指标领先于市场主流机型，同时对竞争对手的下一代机型保持一定程度的竞争力，这是由商用飞机这种长研制周期的复杂产品的特点决定的。自波音787和A350投放市场以来，市场主流机型以及在研机型的技术发展趋势之一是在飞机结构中大量采用碳纤维增强树脂基复合材料。有的主制造商在产品推销中也将其复合材料的使用比例（结构重量占比超过50%）作为主要卖点，因此论证新机型总体方案时，复合材料的应用率往往会是一项重要的指标，特别是大尺寸（如5米以上）结构件的复合材料应用是成功实现这一指标的重中之重。假设新飞机项目的复合材料应用率需要对标市场主流机型，其重量占比也应该达到50%的水平。不过，由于国内之前对复合材料的研究基础相对薄弱，实际工程应用更是凤毛麟角，而在大型飞机这种大型结构部段上的成熟应用经验几乎空白，实现目标的难度很大，甚至可以说是缺技术、缺装备、缺人才、缺工艺。哪怕在不具备成熟的项目风险管理体系时，依据工程经验，大尺寸复合材料结构件的研发也会被识别为一个重大的技术风险。基于国内项目研制的规律，通常会在研制初期，作为重点技术攻关，单独批列经费实施。不过，在此按照项目风险管理流程，展示一种可能的风险应对策略。

　　一般而言，制定风险应对策略之前，需对研发方案进行风险点辨识和风险评估。风险评估的维度包括设计、试验及取证、制造及装配、维修技术以及研制进度等各个重要方面。基于可以搜集到的和掌握的国内外相关信息，采用边研究、边前进的模式。假设反馈回来的信息如下：在设计技术方面，复合材料经验公式和强度校核方法不一定能够满足大尺寸结构件的强度设计要求，有试验支持的分析方法体系尚不成熟；同时，类似的复合材料结构件大多位于金属机身内部，与周围的金属结构组成混杂结构，热应力分析不仅要考虑全机整体的温度场影响，还需考虑结构附近系统热源导致的局部温度场的作用，使得温度场既复杂又恶劣，但相关的热应力分析技术储备比较缺乏；此外，关于大结构复合材料结构件的静电、闪电防护设计和试验验证方法与常规金属结构完全不同，油箱导电密封研究、闪电泄放通路设计等也均存在着技术储备不足的情况。在试验验证体系方面，大结构件全尺寸试验需要考虑该复合材料结构件与周围金属结构的连接，不但技术难度大，而且涉及适航验证的元组件级强度试验项数多，试验过程协调及进度不可控因素多；此外，相较于常规金属件，其验证过程要求完成疲劳试验后再进行极限载荷试验，仅大结构件疲劳试验的进度，乐观估计都需要将近2年时间。在制造技术方面，受限于国内工艺水平、工艺规范和质量控制体系对复合材料大尺寸结构件的成熟度，虽然可以详细分析结构装配缺陷的技术风险点并制订相应的工艺措施，但是效果和进度控制并不能保证达到理想状态。在维修方面，同样由于缺乏应用先例，复合材料结构维修标准和技术不足，成熟度不高，无法保证提供稳定、合理的维修技术，可能影响飞机的运营。在适航取证方面，由于国内申请方和审查方对这样的大型复合材料结构几乎没有取证经验，因此可能导致大尺寸复合材料结构件长时间无法取证，从而影响全机的取证进度。可能的措施包括开展国内外技术咨询，对关键部位适当保留设计裕度，以及通过前期翼身组合体的试验，暴露薄弱部位应对强度设计和校核风险；利用极限温度保守地计算静强度，进行疲劳分析时适当保留裕度，用不考虑热应力对疲劳性能影响的方式简化分析模型，然后再利用复合材料结构件部段试验件进行前期温度试验，验证和修正细节模型的分析结果，最终在上一级结构组合体中进一步验证，来应对热应力设计和校核风险；依托行业最佳实践和运营数据及能力积累、加强相关试验和标准研究等措施，应对维修能力风险等。显然，有些应对措施是"远水解不了近渴"（例如通过运营数据积累减缓维修能力不足的风险），有些应对措施发挥不了复合材料应用的优势（例如通过保守计算和分析减缓设计校核经验不足的风险），有些应对措施可能带来更多的风险（例如在有限的时间内通过海量试验累计设计经验），甚至有些风险点很难找到应对措施。

对于科学规律而言，一就是一、二就是二，没有捷径可走，所谓的"弯道超车"在科学面前，很可能导致"翻车"。同时，随着研制进度的推进，一些原先没有估计到的新风险点又可能逐一暴露，另一些原先已识别的风险点应对不足的情况也会逐渐显现。这在研制经验不足、缺乏技术储备的大前提下是非常容易预见的，所以在制定最终的风险应对策略时，项目管理团队其实可以考虑用两条腿走路的模式：一方面继续通过各种应对措施，减小风险事件发生的可能性及其负面影响，另一方面制定风险应急预案，准备应对风险事件的发生。由于相较于复合材料结构研发，国内商用飞机制造商有着丰富而成熟的大尺寸金属结构件的研发经验，不但技术稳定，而且项目进度、成本等风险均可控，因此项目团队完全可以将常规金属结构件的方案作为复合材料结构件风险的应急预案，甚至事先同步进行方案设计和制造准备。比照复合材料结构件风险发生后造成的可能损失和影响，制定金属机构件方案时所需要面临的额外成本几乎可以忽略不计。经测算，从原本的复合材料结构件改为金属结构，对整个项目研制的进度影响最多为三个月；另外，即便研发复合材料大尺寸结构件确实能够获得相应结构的大幅减重效果，但是由于复合材料应用本身需要的闪电防护、油箱导电密封等附加装置，加上因为缺乏经验和技术，采取保守设计而增加的额外裕量，其整体减重效果几乎被全数平衡掉了，但付出的代价是不可靠的产品、不稳定的制造工艺、高难度的维修，以及对整体项目进度和成本的巨大冲击。更有意思的是，近年来，各主流企业的新一代机型出于相似的原因，纷纷放弃类似复合材料大尺寸结构件的研发方案，而回归传统金属结构，所以说，在应对复合材料结构件研发风险方面，项目管理团队最佳的策略是通过调整项目目标，采用传统金属结构件设计方案进行规避。决策越早对项目的负面冲击则越小。

案例的启示如下：本案例中运用到了初始信息搜集（参见6.2.2节），风险识别、分析和评价（参见6.3.3节），风险应对计划（参见6.3.6节中"风险应对计划的制订和管理"）和风险监控（参见6.3.9节）等常用风险管理方法，并及时安排风险应急预案（参见6.3.6节中"风险应急预案的制定和管理"），最终通过调整风险管理策略（从风险缓解改为风险规避，参见6.3.6节），使复合材料大尺寸结构件的风险受控。虽然项目风险管理机制可能不一定在制定项目目标（采用复合材料大尺寸结构件方案）的第一时间就介入，但是在产品可行性论证阶段，方案调整本身就是动态的，是项目实施目标对前期的商务目标论证的细化和合理化，符合"磨刀不误砍柴工"的朴素理念。当然，如果在实际操作中，一开始就更充分地搜集和分析风险初始信息，更细致地体现和综合风险的后果和影响，或者在发现风险转变为问题时，更早地策划并启动应急预案，则可能会进一步降低风险影响的力度，减小项目和企业的成本支出。另外，在风险的分层和等级排序方面，本案例也提供了有益的启示——对攻关团队而言，其项目目标是完成复合材料大尺寸结构件方案，所以复合材料方案风险是该团队最高等级的风险且无法规避；而对飞机型号项目团队而言，其项目目标是研发一款有竞争力的飞机，复合材料应用只是其中的一项指标，在应对同样的风险时，其严重程度、风险管理策略的回旋空间、应对措施的选择余地都不同于攻关团队，能够提供更全面、更全局的考虑，并有足够的权限做出最适合项目实施的决策。

## 7.3　关键核心技术

现代飞机控制系统的发展早已从早期的传统机械系统逐步演变到全电传操纵系统，在对飞机控制的精准性和可靠性方面获得长足进步的同时，也大大减轻了飞行员的工作负荷，提高了飞行工作效率。电传操纵的飞机最早出现在军用飞机上，但是自从空客公司的 A320 机型首次使用全电传操纵系统以来，电传操纵系统已经成为商用喷气式飞机的主流操纵系统，而电传操纵系统设计的关键之一是飞行控制律的设计[65]。用国内某商用飞机副总设计师的话来说，"如果发动机是心脏，控制律则更像大脑，或者进一步，更像灵魂"，飞行员通过操作计算机运算一系列复杂算法，达到操纵飞机的目的。这一系列复杂算法就是控制律[66]。控制律设计一向作为飞机核心关键技术，被西方国家明令禁止出口，只能自主研发，是名副其实的"卡脖子"技术。控制律设计基本上需要针对每个机型进行定制，并且通过大量的机上地面试验验证之后才能投入使用，是商用飞机主制造商的核心能力之一，是必须攻克的堡垒。而商用飞机对飞机本身的高安全性和高可靠性要求，以及国内研发电传飞行控制律技术的工作起步晚、数据积累少、国外长期技术封锁等原因，让这项设计工作难上加难。

作为商用飞机研发的关键核心，以控制律技术为代表的飞控系统操稳设计是无法回避的一道关口，这里就以某商用飞机型号项目飞机控制律研发工作为背景，看看如何实现风险和机遇管理落地。首先，对风险的识别和分析非常直接：该风险属于技术风险类的严重风险。其次，通过初始信息搜集过程可以了解到，拥有相关软件驻留的设备供应商除了接口数据之外，将不会提供任何内部逻辑，更不用说算法的信息，甚至今后的设备维护还必须寄回原厂①。美国的航空企业在控制律设计技术方面不仅领先，而且有多家供应商可以选择，欧盟国家也有少数供应商，但是技术方面相比美国公司稍逊一筹。由于美国政府的出口管控是最为严格的，并且还时不时会紧张一把，因此风险不可控。考虑和中国有合作的俄罗斯航空企业的话，一来他们自己的民用飞机全电传技术的底子不是世界一流水平，二来其较新机型的飞控系统设计和集成还是外包给欧洲企业的，几乎不存在可以分享或出售的技术。再考虑国内研发能力，虽然全电传操纵系统控制律设计已在多个军用型号上运用，但是一方面这些军用型号飞机的气动特性和性能要求与大型民用客机的相差甚远，适用性不强；另一方面，商用飞机研发在全球化合作模式下是非常开放的，在设计中移植或参考军用技术会产生不必要的国家安全风险。所以总的来讲，飞行控制律设计这件事首先必须以我国为主进行自主攻关开发，没有规避风险的可能性。按照惯例，项目尽早成立高级别的技术攻关团队，集中企业内部力量和资源实施攻关是一种常用的应对措施。其他风险缓解策略通常包括如下内容：在国内资源方面，充分联合航空工业集团的兄弟企业、研究院所，从军机实践的基础和经验中借鉴一套逻辑架构，找到设计的切入点，启动研发活动；在国外资源方面，持续搜寻合适的企业、人才，采用技术咨询的模式开展部分科研外协活动，在国外政策允许的范围内，尽可能地了解和研究关键技术点，缩短自身的学习曲线，同时也积极引进相关人才。国内资源整合及联合攻关工作的开展一般不会有太多曲折，但是国外方面的进展需要关注一开始就受阻的可能性。国外资源落实有阻碍的主要原因无非是两个：要么很难落实到合适的、既有能力又愿意合作的企业和人才上，要么就是遇上狮子大开口、想趁机捞一笔的国际技术掮客。当然这也更加凸显了这项技术的关键性以及其风险影响力的程度。即使能够落实到国外的咨询机构或企业，也需要特别关注其进展状态，充分保障风险监控的实时性和精准性。例如，涉及美国知识产权的技术需要由国外合作机构代理申请美国出口许可流程，而美国的出口许可证审核对政治环境和

---

① 这不禁使笔者回想起当年中国长征火箭第一次发射美国休斯公司的商业卫星时的协议条款和实际操作的往事。

国际环境的影响特别敏感，其过程"阴晴多变"，甚至不到最后一刻，都没有任何把握能够获批。因此，这类风险也往往长期处于高等级状态。而一旦因为各种原因，项目风险管理预警机制发出"警报"——例如美国政府对华技术限制政策的升级，出口许可证申请被拒绝，同时导致国外咨询协议不能履行，项目团队就必须第一时间按照项目风险管理的流程规定，开展对该风险的二次评估，增加对新风险点和衍生风险的识别，提出新应对措施。例如由外协联合设计开发模式转换成第三方鉴定，邀请有经验的技术专家和企业对现有的设计架构、开发逻辑、主要算法以及系统集成手段和验证方法进行全面检查。如果实施得当，则通过这种鉴定，可以大致得出飞机控制律设计思路方向的准确性以及具体操作路径的成熟度，也就是说，找到行业内有经验的老师或同行来判一下试卷，看看究竟可以得到多少分，是否过了及格线。这类活动不存在技术的输出障碍，即使申请出口许可，被拒的可能性也不高。虽然找到合适的专家，特别是国外专家并不那么容易，但是毕竟了解相关技术的不仅仅有美国公司（如前所述），有实战经验的也不仅仅是波音公司、空客公司，具有更为广阔的回旋余地。通过第三方鉴定途径，间接评估设计方案的成熟度和集成工作方向，是一种在自研和外协攻关之间的折中方案，可以让项目团队对攻关的结果及应用的前景更加有自信，使得在该技术上的"卡脖子"现象得到缓解，风险等级受控下降。

案例的启示如下：本案例非常典型地展示了在项目风险无法规避的场景下，如何运用风险缓解策略，通过持续监控风险，及时发现风险转变为问题的趋势以及出现衍生风险的可能性，继而采用风险再评估的手段制定新应对措施、调整项目实施计划，最终缓解风险、降低风险等级的全过程。在本行业，在商用飞机研发项目全球化的大趋势下，类似于本案例遇到的风险和问题绝对不少见，处理的手段和方法也大同小异。关键在于如何运用一套成熟的风险管理体系持续地监控和实施"主动"风险管控，而不是完全依靠项目或技术负责人个人的经验、经历和胆识进行随机处理；同时，这类处理模式也需要通过规范化和常态化的风险管理体系分享到项目团队、企业其他技术和职能部门，甚至作为必要的培训资料对项目从业人员进行及时培训，再棘手的风险处理也会有章可循。

## 7.4 敏捷管理

敏捷系统工程（Agile SE）和敏捷项目管理（Agile PM）是在传统意义的全流程系统工程或项目管理过程的基础上，优化流程实施节点，并行相关活动或快速迭代提高实践效率的模式，近年来越来越受到制造业项目的重视和应用，航空航天制造业也不例外。其实，类似的模式在中国航空制造业，特别是军机研制过程中也有，例如充满战斗气息的攻关、"会战"①等，也算是中国特色、行业特色之一。型号首飞作为研制项目的重要里程碑向来备受重视，主要原因还是军机项目的主要目标是造出一架能够实现性能要求的飞机，填补技术或机型空白，增强军事威慑力，而首飞成功意味着型号项目的目标已达成大半。然而对商用飞机项目来说，尽管首飞也很关键，也是项目的重要里程碑，但是首飞之后还要大量的适航验证试飞、取得型号的适航许可证、取得型号的生产许可证、按照启动订单进行批量生产，接着是每一架单机的许可证、客户交付、服役运营以及持续改进等一系列并不比研发新飞机轻松的项目活动。就新机型本身的生命周期而言，首飞成功仅仅是其诞生的前奏，而即使是从研发项目本身出发，首飞成功时项目才算是进入中后期。某国产喷气式客机在项目启动后第8年实现首飞，第14年取得适航证，第16年才正式投入运营，首飞成功更多是起到了一种象征和鼓舞士气的作用。所以，一位参与该型飞机研发的领导曾经感叹说，民机的首飞其实没有军机那么关键，因为难啃的骨头还在后面，不能松劲。不过，由于早年国内商用飞机的研制程序和生产机制大多延续了国内军机研制的套路，因此国内商用飞机研发项目对首飞还是高度重视的，战争年代的诸多用语也传承了下来，"首飞会战"就是一个很好的例子。

假设某型飞机研发经历了一些波折，原先比较乐观的进度节点没能完全实

---

① 其实从某种意义上讲，规划合理、控制得当的"会战"如同敏捷系统工程和项目管理方法中所提倡的"sprint"，即采用集中力量冲刺的方式提高团队效率、提振团队士气。由于该话题超出本书讨论的范畴，就不再展开了。

现，进度余量（slack）被逐步消化掉，临近首飞，企业经营层和项目高层决定采用会战的方式带领项目团队一鼓作气地啃下首飞的"硬骨头"。为了顺利完成这一任务，型号项目团队的运作方式需要进行比较大的变动，在项目风险管理模式上也需要进行有针对性的调整，虽然风险管理的实质不变、步骤不变，但是在流程上可以做出因应性的改变。例如，面对"短、平、快"的一体化联合突击作战模式，可以使用所谓的"拦路虎"风险管理模式，围绕首飞事件及其相关输入开展专项风险梳理和识别，重点关注安全、技术和进度类风险源，将风险专家组以及各级决策层推进到现场，快速评估和确定应对策略、制订应对计划。同时，严格执行项目风险每周一报制度，甚至按需可以每天一报或频度更高，并跟项目进展报告合并，为项目管理层和企业高层提供充分的决策依据信息。项目组织管理的一体化联合作战可以实现跨单位、跨部门、跨专业，多方面形成合力的态势，通过全景考虑的工作模式，在"一个团队"的形式下提供风险应对责任明晰、应对措施全局优化、应对计划节点刚性的风险应对措施。借助实施、指挥、控制一体化的要求，企业领导和项目高层直接常驻现场参与工作，采用靠前指挥的形式，最大限度地缩短指令传递路径、减少指令信息的传递丢失，将会给风险应对策略的拍板和风险应对资源的调度等工作带来极大的便利，即使出现风险发生，转变为问题的情形，也能第一时间启动应急预案，快速化解，能够体现项目风险管理对项目实施的预警能力和控制能力。

案例的启示如下：本案例虽然发生在项目的特定阶段、特定场景中，"风险管理"和"敏捷管理"的称呼也是舶来品，但并不是说国内从未有过类似的实践。当然，由于国企的特定环境和人文背景，上述"会战"假设中的某些工作模式和做法并不一定适用于其他场景或者符合常规项目管理的需求，但是这个假设案例的内在逻辑能够充分证明项目风险管理在国内体制机制环境下，付诸实践的可行性。首先，项目风险管理的理念和流程同样能够适用于中国国企的体制和环境，只要保持"一个团队""一个目标""一个指挥"，风险管理就是可以在中国商用飞机研发项目中发挥作用的，之所以会出现风险管理效果不佳的情况，不在其理念和方法本身，更多的是被人为干扰了。其次，风险管理一定要作为项目管理的手段之一发挥集群效应，而不是形式上的分而治之。再次，风险进展通报本身就是项目进展的一部分，不能使用行政公文式的月报甚至半年报等形式代替常规的项目风险通报。最后，国企的干部员工不是不会和不能用风险管理的工具和方法，而是缺乏规范化，甚至在实施初期需要一定强制性的要求，同时充分保障风险应对所需的资源，以鼓励项目团队成员及时举旗、适时亮剑。

## 7.5 试验试飞

2018 年 4 月 8 日，ARJ21 飞机 104 架机在冰岛圆满完成大侧风包线扩展审定试飞后，安全返回西安阎良，给这次远赴冰岛 41 天、往返两万多千米的飞行试验画上了一个圆满的句号。当时，包括《人民日报》[67] 在内的国内媒体纷纷报道、转载，庆贺这一成功事件。侧风是飞机飞行时作用于飞机机体上的风力与飞机行进方向成 90°角的分量，强烈的侧风会严重影响飞机起飞和降落的安全性。抗侧风能力作为民用飞机飞行的一项重要能力，需要通过试飞的方法进行验证，用以满足民用飞机适航规章条款的要求[68]。大侧风验证试飞也是飞机适航验证工作中的重要科目，直接决定了正式运营中的放飞条件和机场适应能力，是产品竞争力的核心指标之一。由于国内机场无法找到能完全满足该型号飞机侧风性能指标的试飞气象条件，因此为扩展侧风飞行包线，进一步验证飞机品质，满足市场和客户的需求，保障飞机在航线上的顺畅运营，中国商飞公司在 ARJ21 飞机取得型号合格证（TC）证之后，根据相关技术研究，参考其他机型，最终确定赴冰岛首都雷克雅未克的凯夫拉维克国际机场开展大侧风试飞。

汲取之前试飞的经验教训，ARJ21 飞机的国外大侧风取证试验过程十分重视风险管理。一是提前策划准备——提前一年成立试飞试验队，定岗定人，相关准备工作达到预期状态，同时确定了试飞窗口期。二是主动识别取证过程中可能发生风险的范围——涵盖技术、团队和地面保障、调机、适航、气象保障、外事等，例如大侧风试飞中的多项技术问题，包括试飞的跑道要求、侧风着陆操纵技巧、降水对试验放飞的影响、风速预测准确度、侧风换算方法等；光团组出发计划就涉及工作现场对接检查、入场证件、机场设施确认、综合保障落实等工作；气象保障需要与冰岛气象专家、机场气象台对接，以及落实气象实时监控数据下载等工作。三是开展风险评估工作——开展凯夫拉维克国际机场大侧风试飞风险评估，修改完善风险评估报告，与当地安全部门和公司的加拿大试飞顾问开专题会议，获得当地安全部门认可，并按时取得试验飞行的正式批准。四是做好风险应对措施——提前在凯夫拉维克国际机场进行机组机场空域熟悉性飞行与训练飞行，使机组熟悉机场环境、熟悉与塔台的沟通、熟悉机场空域；检验遥测系统、地面监控及空地交流质量。五是制定风险应急预案——在适合试飞的大风气象出现前一天，试验队召开"双想"会（风险预想和方案设想），回想过去出现的问题及处理情况，预想试验期间可能出现的风险点并制定相关预案，制定详细的试飞实施方案和风险处置预案，预估试验时间和油耗，确定加油方案，明确试验优先级，优化试验点执行顺序，提出湿跑道积水勘查与放飞决策方法，确保试飞安全、高效。

试飞当天，试飞机组只通过一架次飞行的 6 个起落就圆满完成了大侧风审定试飞科目。当晚，适航当局就召开适航审查会，确认试验风速有效，认可相关试飞试验点。此次试飞，飞机起飞、着陆阶段的正侧风最大瞬时风速和平均风速高出国外同类飞机 30%。这次试飞之所以能成功，积极的风险管理起到了重要的作用，为企业和项目团队开展后续型号的高难度、高风险试飞积累了宝贵的实战经验。

案例的启示如下：本案例是风险管理到位、应对措施得当、预案准备充分的典型。组织项目团队赴国外试飞，牵涉面广、经费和资源投入高、不可控因素多，出现任何差池后果和影响都十分严重，可以说处处皆是风险。但是，如果秉持着积极落实风险管理的理念、严格遵循风险管理的流程、践行风险管理的做法，仍能够有效控制风险。当然，这种类型的试飞活动受关注的层级非常高、资源使用的优先级也非常高，对国外试飞的成功起到了不可替代的作用，这些经验和工作成果对今后项目风险管理的指导意义非常深远。

## 7.6 投入运营

假设某机型历经多年的试飞验证，最终取得中国民用航空局（CAAC）颁发的型号合格证（TC），是否意味着万事大吉了？远远不是！对商用飞机来讲，取得 TC 仅仅是万里长征中的重要里程碑，还远不是终点，更不是休息站，马上面临的便是正式投入航线运营的新挑战，而这个挑战之难，甚至在某种程度上可能会超过研制过程中攻关"卡脖子"技术。

首先，适航当局颁发的型号合格证只是认可飞机本身设计的安全性，以及允许该型号飞机进入适航地市场运营，但是 TC 只是一个政府的资质证照，不是保证航空公司运营获利的护身符，更不是飞机能够热卖的保证书。取得 TC 之后，CAAC 还要按照主制造商制定的飞行员资格计划，通过飞行标准化委员会（FSB）转机型训练（T5）测试，确定该飞机的飞行员型别等级和训练规范，之后每一架交付的飞机本身还要取得 CAAC 颁发的单机适航证（AC）。同时，即使飞机是安全的，证照是齐全的，手续是完备的，离开正常运营所需要的客户支持水平和成熟度，从快速响应机制到航材备件供应环节，从过站检修到定检维修流程等，机型以及项目和企业的支持体系还是有着不可忽视的问题。国产机队相比国内航司运营多年的波音和空客机队，甚至庞巴迪和巴航工业机队，运营支持成熟度之间的差距非常明显，因此，可能无法立刻投入正常的运营活动。显然，对商用飞机运营支持经验积累较少的企业和项目组织，上述问题的发生可以说是个未知的风险事件，即使有所存疑也因为经验和能力有限而无法采取有针对性的应对措施，导致主制造商和项目团队必须在很短的时间内做出新的决策：是花费额外的时间和资源完善体系并延迟投入运营，还是保住运营节点，边运营、边完善？某机型首次运营前的最终决策是结合上述两种做法的优点，但是更倾向于延迟运营的时机——主制造商成立示范运营大队，现场驻扎在首家用户运营基地，坚持稳中求进、以保证安全为前提的原则，根据资源配置及未来发展战略，使用点对点的模式进行航线编排，实施飞机商业示范运营，即完全按照正常航线运

157

作，但不向公众售票，以期在运作期间尽量暴露相关问题，在正式投入商业运营之前加以解决。与此同时，主制造商加速建立和完善客户运营服务体系，继续对飞机驾驶舱、客舱等开展细节完善和性能提升工作，为示范运营做好基础性支援工作。之后，经过近一年的时间通过 T5 测试，取得首架机 AC，完成了交付运营的前提条件，并交付首架机。

项目团队在回顾这次保障首架国产客机投入运营的工作时，总结了如下经验教训。一是交付前模拟航线运行充分暴露问题、促进准备工作的完备——取得 TC 之后为更好地符合中国民用航空局的运行要求和首发用户的运营实际，对该飞机进行了必要的改进和完善；为提前暴露航线运行中可能出现的问题，降低首批飞机正式投入航线运营后的风险，主制造商与客户共同组织实施了模拟航空公司模式的航线演示飞行；中国民用航空局飞行标准司根据该飞机的设计特征和计划用途，通过 T5 测试，确定了该机型的飞行员型别等级和训练规范，并完成了对首家用户飞行员的型别等级实践考试，首批 4 名飞行员获得了该机型的教员资格授权书（LOA）；主制造商建立了持续适航体系和运行支持体系，并通过了适航审定中心的机型航空器评审（AEG）。二是运营前验证航线飞行，为正式运营保驾护航，有实效——五条验证航线从中国西南部到东部，完成了规章及局方要求的 110 小时运行验证目标；帮助首家用户完成该机型全部的飞机补充运行合格审定工作，使该机型正式在航空公司获得投入商业运行的资格。三是项目研制期间，与运营相关的风险和机遇初始信息明显收集不足——第一次经历从自主研发至交付运营，风险利益攸关方识别不够全面，需要、要求等信息收集不足，致使在该型飞机交付前和运营前的风险识别不足，很多工作未做到位。CAAC 也是首次审定国产喷气式客机，为了对乘客生命、国家财产负责，不得不一个个条目进行验证检查，发现该型飞机在航线运营方面准备不够，影响了交付和运营的进度。四是存在仓促交付运营的做法——虽然飞机交付给了航空公司，但是由于该型飞机在国内的运营环境和配套设施还未完全建立起来，从而影响了其正式投入运营。交付给航空公司之后发现了好多问题，需要通过示范运营阶段逐步建立运营环境、运营体系并积累运营知识，比如在示范运营阶段，主制造商协助航空公司培训飞行员、准备维修航材、配备维修人员，组织专门的小组负责应对交付给航空公司的该飞机的一切问题，熟悉航线，分析不同航线的需求等。

案例的启示如下：本案例描述了一个典型的处理未知风险的示例，即所谓的"Unknown Unknowns"。当项目对某一个或某一类风险，受知识、能力、经验等各种原因所限，无法预先识别和获知时，一旦风险发生，对项目的冲击轻则耽误进度、提高成本投入，重则关系到项目本身的存亡，其后果和影响的程度通常是无法忽视的。常见的处理手法是所谓的"危机处理"，即使用项目启动时策划的管理储备资金，集中团队内，但更多的是依靠团队外部的资深专家团队，采用类似"集中攻关"的模式，实施重大问题管理流程。危机处理本身便是一个专门的课题，所以不在本书内展开。不过需要提醒的是，在危机处理过程中，还是应遵循风险和机遇管理的要求，积极开展相关活动，不能因为事件急、时间紧而陷入连已知风险都不加提防、各类风险事件连番发生的怪圈，最终酿成无法收拾的后果。在这一点上，本案例的危机处理就做得比较到位，主制造商和项目的管理层没有因为急于将飞机投入运营而采取走行政路线的做法，而是踏踏实实地将需要做到位的工作做好，将可能的风险点想透摸清，一一设立应对措施，保证了示范运营达到比较圆满的效果——首家用户从接收第一架飞机起安全运营六年多，机队规模达到数十架飞机，开辟国内外航线上百条，运送旅客以百万人次计，可以说，项目当年处理未知风险的具体做法得到了较为满意的回报。由此而建立并成熟起来的商用飞机运营保障体系更是本案例留给主制造商和中国商用飞机制造领域的最为宝贵的财富之一。

## 7.7 量产批产

经过十数年的艰苦创业、苦心攻关、披荆斩棘，某型喷气式商用客机终于获得型号合格证，并且正式投入运营。对于该型飞机的主制造商来讲，更大的挑战还在后面。作为一款需要量产的商用飞机，首先摆上桌面的是能否按时完成已经签署的数百架飞机订单的问题，企业是否具备相应的产能，是否能长期支撑飞机批量交付的节奏，都是需要用实际数字回答的现实问题。以年产40架飞机（平均每月3.3架或每季度10架）估算，消化现有订单需要超过15年的时间，还不包括可能增加的紧急订单以及其他大型改装升级等工程的工作量。而负责飞机总装制造的单位曾经花费超过4年的时间进行4架试飞机的装配，其历史上最大批产的商用飞机机型是MD‐80，在20世纪80年代末到90年代中的8年间，共完成35架飞机的总装，平均一年才不到5架，产能的差距是很明显的。飞机总装生产和交付能力是商用飞机主制造商的核心能力之一，处于世界商用飞机制造商第一梯队的波音公司和空客公司，其主力机型波音737系列和A320系列的生产能力都已经达到每两天一架的水平，甚至为了消化巨大的累积订单，还在进行产能扩充。所以，该国产型号飞机总装生产能力的建设提升很早就已经开始，作为应对这一重大风险的主要措施没有停歇过。

不过，计划往往赶不上变化，该机型的研发进程明显超期，有不少风险和问题均在试飞取证期间集中暴露，占用了大量的人力、物力资源，使得提升产能的资源投入有所延误。而后期订单的增加，特别是国家及公司对该型号项目目标的进一步调整，使得上批量、保交付更是迫在眉睫。批产计划一再调整，最终定下头一年交付15架，次年交付25架，第三年交付30架等的增产交付目标。从上到下，很多干部员工心里都犯嘀咕：对前一年仅仅生产了4架飞机的企业来说，如此增速，合理吗？有可能实现吗？项目管理层也在犯难：虽然批生产的主责已经从项目团队转移到了职能部门，但是要达到稳定批产，其中的工作和项目有着千丝万缕的关系，该如何支持并达成目标呢？大多数人甚至认为批产能力已经不是风险，而是实实在在的问题了，而且还是几乎无法解决的问题。

企业高层保持着清醒的头脑，没有将时间过多耗费在修订目标缘由的解释上，而是组织了生产主管部门、生产部门、项目团队、客户服务部门、试飞部门等利益攸关方进行风险识别和分析，理清关键风险点，然后对症下药，积极应对。经过认真梳理、多轮识别，关键风险点集中在以下几个方面：一是虽然策划了提升产能的新建流水线等"硬菜"，装备了行业最先进的自动化设备，但是与之配套的工艺、工装的改装需求，增大的物料需求，提升的生产线配送频率需求等都没有提前做好应对，导致进入批生产后产能"假性"不足，也就是说没有提前捕获到真正的、全部的需求信息。二是有资质的总装生产线技术工人严重不足，虽然看上去飞机旁人头攒动，但是很多都是无法独立操作的年轻技工在受训学习，尽管公司拥有多名大国工匠，招聘了大量的装配工人，可是有资质、能独立上岗的比例远远满足不了批生产的要求。三是产品构型管理规划不科学、不全面，工程设计部门在飞机定型取证后，仍有大量的所谓优化设计更改和产品完善步骤，未能充分考虑到对生产线，特别是批生产过程中生产节拍的影响，导致相关设备、零部件或原材料的购买以定制化为主，不支持大批量采购，周期长，费用高，装机构型很容易混乱。四是交付流程不成熟，公司现有的交付流程与客户监造的需求匹配度不是那么高，中间出现交付流程多次调整，交付产品不满足客户某个需求而造成反复等问题。五是生产管理信息化程度不高，数据离散，进展状态通报自动化水平低。虽然飞机产品数据都在电脑上操作，通过信息平台传递，但是生产管理系统与设计系统之间的数据链路没有完全打通，生产过程中需要投入大量人力进行线下的手工比对，生产效率低且出错概率大，完全无法满足批生产的需要。

　　风险点识别出来了，应对目标就明确了。针对流水线配套，详细规划、提前做好工装、物料配送的自动化，固化生产工艺流程。针对缺乏技术工人，提前引进对口专业学生见习和培训，一毕业就能及时上岗，同时设立多个大国工匠工作室，通过"传帮带"快速培养技工、技师，对培训教材和形式也进行创新优化，在较短时间内将合格的装配线技工数量翻了近两番。针对构型管理，彻底完善、优化构型管理体系，从全面实施贯穿产品全生命周期的件号变革开始，理顺构型策划、标识、纪实、控制和审核的理论和实践路径，坚持面向客户、面向维修制造的实用构型管理机制。针对交付流程，充分利用这样的机遇，整合生产试飞和交付试飞人员、流程和资源，建立起一套全新的高效交付程序。针对信息化平台多但效率低的现状，全面引进中航工业先进的、经过实际检验的信息化管理理念和平台流程，改造现有生产管理系统。经过短短一年多的集中措施和多方努力，头一年一举完成 15 架飞机的总装和试飞，飞机交付周期从第一架的近两个月缩短到不足一周，实现了对"不可能完成任务"的逆袭。

案例的启示如下：严格来讲，本案例已经超出了项目风险和机遇管理的范畴，但是鉴于目前对系列飞机的管理还是以型号项目为主，同时项目团队在本案例实施过程中也发挥了无可替代的作用，特别是其表达的理念和采用的做法本来就与项目风险和机遇管理相通，故仍收录在此。其实在案例描述中最值得一提的是对机遇的把握和迎头赶上的魄力及勇气。有时候，项目团队对表面上看起来过于严苛的目标往往敬而远之，即使万般无奈地接受了目标定义，也可能通过风险评估过程，尽可能采取规避的方式绕开。殊不知，这里往往蕴藏着难能可贵的机遇，就像本增产提速案例中所描述的，如果没有必须达成目标的刚性压力，则企业和型号团队能否在如此短的时间内，在生产管理、构型管理方面转型，能否促使交付效率提升，也许还是一个个大大的问号吧。

## 7.8　国际合作

某型飞机的研发决定由两个国家共同参与。型号启动后，两国参加研制的企业共同出资成立了合资公司，建立了在所定位的商用飞机细分市场上优势互补、协同发力的竞争策略，以获取商业成功。合资公司及两国企业的项目人员充分意识到国际合作项目与国内项目的不同以及其特有的风险，将风险管理作为型号研发的重点项目管理要素，在项目团队内成立专职的风险管理团队，配置有经验的项目风险管理人员，在项目伊始便开展项目风险和机遇的评估（包含风险和机遇识别、分析和评价）及控制（包含风险和机遇管理规划、应对和监控）工作。

在风险和机遇评估方面，团队主要针对合作风险、文化背景和沟通风险、关键技术知识产权垄断风险及供应链管理风险等开展。在合作风险方面，考虑到项目采用主制造商-全球供应商的合作模式，供应商通过全球招标方式公开选择，在招标、投标、竞标、中标、国际合作等一系列过程中，免不了会受到国际政治经济形势发展的影响。例如部分供应商可能因所辖地政府的行政限制或政治干扰，中途退出项目竞标，导致相关系统甚至整机的性能无法达到既定的竞争力水平，影响项目的顺利开展。有些因素是项目方无法控制的，将给已经投入的项目资源带来重大损失，对项目前景造成不同程度的负面影响。所以，这类风险受到密切关注。在商用飞机研制关键技术知识产权垄断风险方面，项目团队充分认识到商用飞机产业是典型的高技术产业，也是目前有着市场领先及垄断地位的欧美政府和企业实行技术垄断的重点产业。尽管国际主流商用飞机制造商都采用全球采购、分包生产，甚至联合研制的模式，但关键技术和研制成果的知识产权都被严格控制，成果的技术转让更是受到政府部门的严格审查。我国曲折的商用飞机发展过程表明，国际合作研制的前提是发展拥有自主知识产权的商用飞机产业，在项目合作中把握主动权，保证关键技术不受制于人。所以，这类风险也属于项目重点关注的对象。在供应链管理风险方面，作为主制造商-全球供应商合作模式的主体，项目团队本身就有责任和义务建立科学、合理的供应链管控架构，承担供应商和供应链失误等因素对项目造成负面影响的后果，而曾处于计划经济体制下的国企项目团队对这方面的把控能力和有效机制均有所欠缺，虽然经过了前期数个项目的实战历练，但还是有较大的提升空间，所以，紧盯供应链管理风险的弦不能松。

在风险和机遇控制方面，由于是两国共同研制，相关的合作风险只能降低而不能消除，因此对国际合作项目的进度风险控制策略应以预防为主，消除或尽量降低风险的发生概率，实现风险的有效控制。首先，在项目合作初期就结合项目规划，主动开展风险和机遇管理规划工作，确定符合特定项目风格和承受能力的风险评判标准，确定风险规避策略（例如当进度和费用冲突时的解决原则），编制风险管理规划，明确主制造商、供应商的风险职责，确定风险预警基准。其次，因应上述重点关注风险类型，在国际供应商选择上一方面避免出现唯一供应商的情形，以保证有随时可替代退出的候补供应商；另一方面提前启动本土供应商培育计划，通过体制优势积极攻关，提高产品成熟度，最终实现知识产权国有化、成熟系统国产化的目标。同时开展实施风险规避策略的控制计划，在必要时向合作项目提供资源，在对项目的进度、费用和质量性能重新进行估算后，按需动态修正国际合作项目计划，以顺应外界的变化。最后，项目强调国际合作过程中的风险监督应在商用飞机研发过程中持续进行，依据风险管理规划，通过风险监督手段，例如项目事件记录，风险识别、分析、预报等多方资料，随时找出细化和改进风险和机遇管理规划的机会，加强主制造商和风险利益攸关方之间的沟通，及时将风险和机遇信息反馈给有关决策人，帮助其正确决策，以便调用应急资源，实施应急预案，防止单一风险在整个项目中的扩散和影响。

案例的启示如下：改革开放 40 多年来，我国的航空产业取得了长足进步，但在商用飞机研发方面仍存在可用资源有限、研发力量薄弱、产品开发和管理经验不足等问题，而且国内商用飞机研发企业普遍缺乏国际适航认证和国际供应商管理相关经验。走商用飞机研发国际合作的道路是中国商用飞机企业发展的战略需要，通过国际合作，可以整合能"为我所用"的全球商用飞机研发能力，构建"以我为主"的全球化业务设计，提前发现和消除全球化整合中的障碍。当前，中国航空运输的巨大需求给商用飞机研发寻求国际合作也带来了良好契机，国际航空制造企业纷纷抢滩中国，有助于中国商用航空的技术引进、升级换代乃至技术输出。然而，商用飞机研发国际合作是机遇，也不可避免地存在风险，并且这类风险有源自国际合作所固有的技术和管理风险，也有国际政治经济形势变化带来的战略风险。对技术和管理风险，相对而言，国企型号项目团队在数十年的摸索发展中已经积累了一定的经验，有着相对成熟的应对策略，但是对来自国际政经形势变化的战略风险，以工程技术人员为主，习惯于国内封闭的工作环境的型号项目团队就存在一个从生疏到熟悉，从挑战到驾轻就熟的过程。这一过程的长短至少取决于以下三个方面：一是对国际合作是中国商用飞机发展必由之路的信念的正确认识和把握；二是在型号项目团队中是否落实引进并使用熟知国际政治经济形势发展、了解市场动态、有着全局观和全球观的专业人士的举措；三是在实际操作中是否具备提前布局、加强相关风险的信息搜集、有效分析和主动控制的成熟机制。

## 7.9 风险统计

在本书的前几章多次提到了采用信息化手段管理项目风险和机遇的重要性，也通过本章的多个案例和示范展示实践的成果，而要将这些成果记录、分享、传承并以此规范项目行为，借助信息化工具和手段是最好的办法。这里就用一个简单的例子，讨论一下在使用信息化平台的过程中，存在什么样的风险和机遇。目前国内复杂项目的研发对信息化技术的应用还是非常积极的，通常包括开发项目专用的风险管理信息化平台。项目风险管理信息化平台的基本要求一般包括以下几个方面：第一是项目专用，因为研制经费直接来源于项目；第二是风险管理全流程覆盖，以风险事件为牵引，开发针对风险识别、风险分析、风险评估、风险应对等子过程的管理平台；第三是平台的日常监管和维护由项目团队内部成立的专职风险管理团队负责，责任明确；第四是权限细化，使用风险发起、风险识别、风险分析、风险评估、风险责任人、风险审批、风险监控、风险决策等角色管理平台权限；第五是使用RBS对风险进行归类；第六是设置风险案例库，使得项目成员在报送风险时有机会通过案例库的检索提高工作效率，避免常见风险的重复上报；第七是对接项目组织结构，可以按照项目组织的架构形成项目管理、工程、工艺、制造、客服、试飞等子管理模块；第八是开发可视化状态看板和自动信息报送功能，根据项目团队成员的权限设置参数，展示和推送相关风险信息。

一个经过集成、整合并且通用化的项目风险管理信息化平台界面如图7-1～图7-5所示。首先从通用项目管理信息系统（program management information system，PMIS）的入口（portal）登录平台。可以个性化定制的入口界面显示项目计划管理、沟通管理、文档管理、风险管理等模块选项（见图7-1），选择"风险管理"模块，下拉菜单包含风险管理模块中的四部分内容：风险分解结构、风险案例库、风险矩阵图、风险登记。

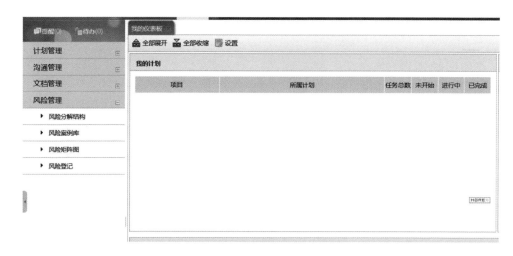

**图 7‑1　风险管理模块入口界面**

"风险分解结构"部分展示按照项目区分的最新 RBS 版本以及之前的版本（见图 7‑2）。这些项目 RBS 均来源于统一的通用风险分解结构模板，以减轻编制时的工作量，并保证顶层架构的统一性和一致性。

**图 7‑2　风险分解结构界面**

"风险案例库"部分则开放给所有有权限进入本信息化平台的人员使用，在风险初始信息搜集、风险识别、风险分析、风险评价、风险应对、风险再评估等过程中，参考和对照本项目或其他项目之前记载的风险信息。使用该部分时，可以按照 RBS、关键字、风险指数等级等不同检索方式查找，最大限度地提高检索效率，并且充分考虑在平台投入使用后，需要承载海量的项目风险数据的可能性（见图7-3）。

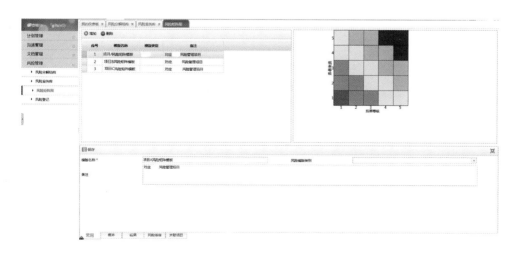

图7-3　风险案例库界面

"风险矩阵图"部分则是对特定项目风险现状的可视化表达（见图7-4）。进入相关项目后，展示截至最新项目信息更新时间点（正逐步过渡到实时显示）的项目风险分布。风险矩阵图上也带有统计数据及其链接，可以方便地通过链接定位到某一特定风险信息页面，了解该风险的具体情况。现平台已经实现通过算法，根据输入的风险影响后果等级以及风险发生概率等级数据，自动计算风险概

图7-4　风险矩阵图界面

率指数，归类风险等级，并在风险矩阵图上进行实时显示的功能。考虑到风险被强制升级的可能性，也提供了有权限控制的人工干预功能。

"风险登记"部分是进行新风险登记、现有风险更新的主要工作界面（见图7-5）。风险登记过程中平台提供的最基本的功能是规范输入，按照特定格式进行风险描述、简单的定量分析判断，以及自动纠错等功能。该界面也为用户提供输出不同格式风险统计报告的功能，以便应用在不同的项目管理场合。最近还在完善中的其他功能包括实时信息推送、状态预警逻辑、自动项目风险简报等。

**图7-5 风险登记界面**

案例的启示如下：本案例展示的是项目风险管理信息化平台的一个简单发展过程和基本功能。需要读者关注的重点在于其与企业级的信息化平台的集成和接口，同时需要真正用信息化技术提高工作效率和工作质量，而不是简单地将原先纸质的数据电子化。关于这点，在第8章中将会有专门的讨论。

## 7.10　本章小结

　　本章选择了商用飞机产品研发项目过程中常见的工作场景和活动背景，基本上按照商用飞机产品生命周期的顺序，介绍了九个相关的案例，并且从项目风险和机遇管理的视角进行解读。其目的有两个：一是在上一章介绍工具和方法的基础上，将其实际应用到较为真实的场景中去，让读者对商用飞机项目风险和机遇管理工具和方法的使用有更深的认识，体会使用的过程，尤其是在具有中国特色的国内商用飞机制造业内，应用这些工具和方法时的关注点和使用方向；二是通过这样的应用案例，再次向读者证明本书介绍的项目风险和机遇管理理念、工具和方法并不是空中楼阁的形式主义，而是实实在在能够适应中国商用飞机制造行业的特点，能够为企业和项目组织的产品研发工作提供价值的，从而增强读者在日常工作中使用这些工具和方法的信心。

# 第 8 章 项目风险和机遇管理常见挑战

人类演化的基本规律和本能是趋利避害，但是前提是在自身能量消耗最小的情况下，选择一个能够持续生存的模式。原则上，只要持续生存的模式可以保持，人类下意识去调整这种模式的概率就基本为零。通俗一点讲，也就是人类的天性是"不改变现状"，在没有足够的外部激励驱使时，主动拥抱创新、接纳新的管理模式是非常具有挑战性的。借用目前很流行的熵增理论，想开展和维系项目风险和机遇管理，并取得良好的收益非常难，其原因就在于管理趋向混乱的现象符合熵增的原理，要减少混乱，只有通过外部注入足够的能量来阻止这种变化。本书虽然不讨论如何组织项目、如何激励项目成员，但是在做这些努力之前，有必要清晰地认识到在项目风险和机遇管理中，通常会遇到什么样的挑战，其根本原因大概来自哪个方面，又有哪些应对手段、成功的案例和失败的教训可以借鉴。本章就这些挑战分别加以举例介绍，读者们也会发现，有许多挑战不但在国内会发生，在国外也会发生；不但在国有企业会出现，私营企业也同样存在，具有一定的共通性。我们先从世界民用航空第一强国的两个失败项目说起。

## 8.1 FAA 先进自动系统项目

2002 年 4 月，Technology Advice 公司在其电子周刊 *Baseline* 上发表了一篇题为 "FAA 工具开发史上的丑陋事件（*The Ugly History of Tool Development at the FAA*）" 的文章[69]，介绍了 20 世纪 80 年代，美国联邦航空管理局（FAA）的 "先进自动系统（advanced automation system，AAS）" 开发项目。文章通过逐

一解剖项目实施前后 FAA 在项目管理方面（包括风险管理）犯下的一系列错误，揭示了一个由政府主导、技术领先的高科技企业——IBM 联邦系统公司（后被洛克希德·马丁收购）牵头实施，预算高达 25 亿美元，实际耗资超过 26 亿美元的巨型项目，是如何一步步走向失败，并最终让 FAA（也就是美国政府）付出了 15 亿美元的代价（被作为坏账）后被迫中止的过程。有项目参与者后来叙述道，"这也许是有史以来人类有组织的活动中最大的失败"[69]。

　　AAS 项目是 FAA 为升级其老旧的空中管制系统而研制的。1981 年前后，美国的空中交通管制系统包括 173 个终端雷达进近管制中心（TRACON Center）、20 个航线飞行中心（En Route Center）以及 460 座由联邦政府直接管理的塔台（Control Tower）①，这些系统还依赖于打卡式计算机技术和真空管电子元器件，效率低、可靠性差。FAA 的初衷是好的，升级系统也是必然的事情，但是其最初的雄心和期望值太过脱离实际。FAA 过度相信新技术的潜力，计划一步到位，实现飞跃式的进步，在不影响现有系统运行的前提下，从核心计算机网络到显示系统，从先进的通信系统到操作工具都进行全面的技术更新和彻底的系统改造。比如，FAA 给系统开发供应商提出的其中一个指标是 AAS 系统因故障离线的时间不得多于每年 3 秒钟，也就是说可靠度需要达到 99.999 99%（7 个 9）！虽然在发生了 1981 年里根政府和空管员工会谈判破裂、导致 11 000 名空管员被解雇的事件之后，采用更自动化的系统以减少人力是 FAA 必须考虑的问题，但事与愿违，AAS 项目在挣扎了 10 多年后，于 1994 年被迫中止。虽然 26 亿美元的投入中有大约价值 11 亿美元的工作被转移到一些后续项目中，例如用于改进航线飞行中心系统的显示系统置换（display system replacement，DSR）等项目，但 AAS 项目还是彻底失败了，其余的约 15 亿美元铁定打了水漂，而空管员们还是在使用老旧的真空管设备和打卡式计算机。

　　包括 FAA 负责采购的助理局长、当时参与项目的工程师以及负责美国政府

---

　　① 一般情况下，联邦政府管辖的机场都会拥有一座或以上的塔台（多塔台主要见于交通极其繁忙的民用机场）。460 座塔台对应的机场数量超过 400 座，这是个什么概念呢？截至"十三五"末期，中国现有的颁证运输机场数量为 241 座，在册通用机场 339 个。上述数据引用自中国民用航空局官网（www.caac.gov.cn）。

审计的联邦审计总署（General Accounting Office，GAO）在内的人员与机构事后分析 AAS 项目的失败原因，得出以下几点：首先是项目目标不切实际，远远超出当时的技术发展成熟度，虽然所应用的技术和理念非常先进，但是往往没有在如此大规模的真实场景下使用、验证过；其次是需求定义没有做扎实就开始设计产品、开发软件，1981 年的空管员罢工事件使整个 AAS 项目停滞长达一年，而FAA 却没有在此期间采取有力措施，明确定义功能需求；再次，IBM 明知其有技术缺乏实践的验证以及需求不明确的问题，却盲目自信地接受严苛的系统可靠性要求，在发现实现上的困难之后，居然将 AAS 项目变成一个科研项目，在维持系统在线的状态下，不断发表研究论文而不是全力解决实际问题、取得项目的实质性进展；最后，FAA 内部也有政治争斗。在早期的工会组织被解散之后，新成立的工会组织也在不断阻挠 AAS 项目的实施，FAA 虽然在规划上想将TRACON 和 En Route 两套系统合二为一，却始终未能过工会这一关，但是在AAS 项目的系统研发中仍诡异地保留了相关要求，用当时参研人员的话讲，他们的开发目标是整合两项至今还是相互独立的功能。

## 8.2 DEV 行李处理系统

作为《哈佛商业评论》（*Harvard Business Review*）的经典案例之一，1995年投入使用，2005 年被美国联合航空公司（美联航，United Airlines）最终宣布放弃的新丹佛国际机场（以下统一称为"丹佛新机场"）的行李处理系统（baggage handling system），是民用航空史上又一个著名的失败项目。20 世纪 80年代末，出于机场扩容和现代化改造的需求，美国科罗拉多州丹佛市决定建造一个新的国际机场，建成后，丹佛新机场占地 140 平方千米，有 3 个航站楼，88 个登机门位置，可保障年旅客流量 5 000 万人次[①]，将成为当时美国占地面积最大的机场。最大、最先进的民用机场需要配备最先进的自动化行李处理系统，因

---

① 作为对比，北京首都机场同时期（1993 年）的客运量为 1 000 万人次，2007 年 12 月突破 5 000 万人次，2008 年 T3 航站楼启用。数据来源于网络。

此，在丹佛新机场的总工程师（airport chief engineer）沃尔特·斯林格的推动下，新机场项目管理团队决定将原本仅由美联航在 A 航站楼负责建造的、仅供一家航空公司使用的行李运输系统扩展到全部航站楼、所有的航空公司，并由机场统一管理和调度。这一决策的初衷无可厚非，方向也基本正确，但是在落实到执行层面时，发生了一连串违反项目管理常识的事件，虽然美联航在机场启用后勉强使用了该系统达 10 年之久，最终还是因为其极差的系统可靠性、成本黑洞以及公司声誉受损而放弃。有研究表明，该项目造成的投资损失可能超过 6 亿美元，而最后所花的这些钱只是证实了依靠搬运工、拖车、手推车组成的人力系统更为有效、可靠。颇具讽刺意味的是，时至今日，这套人力系统仍然在发挥作用，而丹佛新机场的客运量截至 2019 年，已经接近 7 000 万人次了①。

根据 Calleam 咨询公司的案例研究报告[70] 对丹佛新机场行李搬运系统项目从构想、决策、启动、实施到最终被遗弃的全过程的剖析，我们可以看到，1989 年底，机场建设开始动工，最早的预计启用时间为 1993 年 10 月。大概一年之后，丹佛市政府开始讨论建设一个集中管理的行李处理系统，但是可行性论证的结果并不乐观。到了 1991 年夏天，机场项目管理团队认为，还是有必要建设一个涵盖全机场的行李处理系统，并在秋天开展招标。结果 16 家被邀标的企业中，仅仅有 3 家回复，并且均不认为能够在机场启用前完成，因此无一企业中标。由于之前美联航已经委托波音机场设备公司（Boeing Airport Equipment Automated Systems Incorporated，BAE）在 1991 年 6 月开始建设 A 航站楼的自动化行李搬运系统，因此机场项目管理团队，特别是在总工程师斯林格的亲自推动下，直接向 BAE 邀标，并且在仅仅 3 次工作会议之后，就于 1992 年 4 月签署了合同，将原美联航的项目范围扩展到全机场、所有航站楼的所有进场和离场飞机的行李处理事务。此时，自动行李处理系统项目的实施周期仅仅只有 18 个月的时间②。1993 年 1 月，美联航和机场先后向 BAE 提出需求变更，要加入对滑雪装备的自动化

---

① 数据来自机场官网 www.flydenver.com/about。
② 丹佛新机场行李处理系统的规模和复杂程度前所未有，之前比丹佛新机场规模小很多的德国慕尼黑机场自动行李处理系统研发花了整整 2 年时间才完成。

处理功能。1994 年 1 月，美联航再次提出增加超大行李处理能力的需求变更，这时，机场启用日期已经两度推迟，新的节点定在 1994 年 3 月。1994 年 3 月，行李处理系统发现电源不稳定问题；4 月，机场在没有通知 BAE 项目人员的情况下，邀请媒体现场展示新自动行李处理系统，结果行李车相撞、行李被毁、衣服到处散落的场面举世皆知，闹出大丑闻，直接导致丹佛市长取消了已经三度推迟，延至 5 月 15 日的开幕仪式，并宣布新机场无限期推迟启用。1994 年 5 月，丹佛市聘请独立咨询公司对 BAE 项目进行评估，独立咨询公司建议机场建立一套人工系统，但是 BAE 和机场项目管理方互相指责，虽然项目范围被大大裁剪，系统的测试工作在接下来的数月内仍然进展缓慢。1994 年 8 月，丹佛市政府祭出了每延迟一天就对 BAE 罚款 1.2 万美元的法宝。1995 年 2 月 28 日，丹佛新机场终于启用，但是这套自动行李处理系统的用户只有美联航一家，并且需要人工系统的配合才能勉强运作，其每个月的维护费用却高达 100 万美元。2005 年 8 月，在忍受了 10 年高成本、低效率，并且经常造成旅客行李损坏、丢失的系统之后，经济和声誉两方面受损的美联航再也不愿使用这套系统，最终决定彻底放弃[71]。

Calleam 公司的报告中，总结了丹佛新机场行李处理系统失败的 12 条原因。第一，项目的甲方（丹佛新机场）和乙方（BAE）都远远低估了系统的复杂性；第二，缺乏系统性的项目规划造成了之后的一系列项目策略变更；第三，机场将该行李处理系统的建设定位为项目关键路径事件以及过迟的开工决策，导致了巨大的项目进度压力；第四，整个项目决策、招投标和策划的过程严重缺乏尽力尽职，按规章和科学办事的氛围，决策层多次无视专业的建议和科学的结论；第五，在面对明显的风险和不确定性时，明明知道时间不够、要求过高，仍然盲目地做出硬性承诺，实施项目；第六，糟糕的利益攸关方管理机制和行为，在机场和 BAE 签约的工作会议上，居然没有邀请任何一家航空公司人员参与，数亿美元的合同就在三次会议后匆匆签署了；第七，层出不穷的沟通断点和不到位现象；第八，项目参与人员相互独立，缺乏统一的团队工作气氛，团队间壁垒森严；第九，糟糕的系统设计水平和结果；第十，没有实施风险管理；第十一，未深入领会需求变更会对项目带来什么样的冲击；第十二，缺乏管理层，特别是市政府方面的监管，等到市长采取措施时，为时已晚。

## 8.3 失败项目的风险和机遇管理误区

上述两个发生在航空业内的失败项目虽然专业领域不尽相同，实施主体不一样，但是都基本具备了导致一个项目失败的共性原因。尽管这两个案例都出自对 IT 项目的研究，被归类于"史上十大失败 IT 项目"，但其反映的项目管理问题远远超出了 IT 这一专业领域。*Code Complete: A Practical Handbook of Software Construction* 和 *Rapid Development: Taming Wild Software Schedules* 等书的作者史蒂夫·麦康奈尔在书中提到，一个项目的失败很少是因为项目经理运气不好，而是源自这些经理们（项目决策者）所犯的一个或一系列错误。导致项目失败的原因基本上都逃不出以下四类：来自"人（people）"的因素——其中最经典的现象就是向进度已经落后的项目增派人手，期望抢回节点，但是结果往往适得其反；来自"流程（process）"的因素——这类错误的一个经典现象就是前期缺乏有效的需求管控流程，在花费大量时间却未搞清真正需求定义的情况下，带着非常激进的进度节点和大量风险进行项目实施；来自"产品（product）"的因素——花费时间建立华丽但不切实际的需求和功能描述（即过度包装），开发人员追求产品不一定需要的技术和功能，并经常将工程项目当作科研项目来实施；来自"技术（technology）"的因素——这类错误展示出的现象包括所谓的"银弹效应"，即幻想通过一项新技术或终极手段一击而中、一劳永逸地解决所有问题，过高估计新工具、新方法可能带来的效益，或在项目实施过程中频繁改变管理工具等。

美国弗吉尼亚大学的瑞安·尼尔森教授和他的团队在对主要源自 IT 领域或与 IT 技术应用紧密相关的 99 个项目进行了长达数年的详细剖析之后，发现这些项目中，与"流程"相关的经典错误占比 45%，与"人"相关的经典错误占比 43%，两者相加高达 88%，并且占据了总排名的前 14 位[72]。项目实施中最容易犯的 10 个错误分别如下。

（1）糟糕的项目预估（estimation）和/或进度计划编制（scheduling）。

（2）低效的利益攸关方管理。

（3）风险管理不足。

（4）策划不足。

（5）质量保证（quality assurance）短缺。

（6）项目人员能力弱和/或项目团队问题。

（7）来自高层的项目资助（不仅是资源上的，还有行政上的）不足。

（8）糟糕的需求定义。

（9）缺乏对政治层面的关注（缺乏政治敏感度）。

（10）缺乏用户的参与。

现在将焦点聚集到风险管理不足导致项目失败的现象和原因上来。按照尼尔森教授的解读，虽然明知风险的数量和严重程度通常会随着项目复杂程度的提升而增加，但是很少有项目经理能够按照风险管理的识别、分析、排序、策划、应对和监控等全流程实施项目的风险管控活动，从而将项目和自身置于高度被动和脆弱的地位。想做好项目风险管理的工作，最佳实践包括在项目中动态维护经过排序的风险评估表，展示项目当下主要关注的风险项以及应对的状态和效果，并随时更新。研究也发现，设立一个有明确管理权限的专职项目风险官员（risk manager）① 是一个有用的做法。这位风险官员利用独立的视角和立场，充当项目的"吹哨人（devil advocate）"，随时监督和提醒项目经理和工程技术人员在策划和实施项目的过程中出现的忽视风险和机遇的现象。尼尔森及其团队认为，其他能够改善项目风险管理不足这种经典错误的最佳实践和工具还包括设立"预估–收敛（estimate-convergence）"图表，实时并显性地展示项目进展和风险变化状态；制定更全面的项目章程（project charter），约束和引导项目成员开展项目风险管理活动；通过项目管理办公室（program/project management office，PMO）协调并统筹风险管理活动②；开展动态回顾和知识共享，不让项目"两次踏进同一条河流"等。

---

① 比方说很多成熟的项目团队往往有风险经理一职。
② 通常风险管理官员也是 PMO 的成员。——编注

回顾 FAA 的 AAS 项目和丹佛新机场行李处理系统项目这两个失败的案例，其缺乏项目风险和机遇管理的问题是显而易见的。首先，常规的风险和机遇识别阶段会根据项目的性质和潜在风险源，梳理项目风险和机遇，那么就很难想象 AAS 项目会在需求模糊、不切实际的情况下进入实施阶段，丹佛新机场也不会在明确了解到慕尼黑机场的类似系统花费了两年时间研发的前提下，和 BAE 签下项目合约。其次，在识别了项目风险和机遇之后，通常会根据其影响程度进行排序，优先应对影响严重的风险，利用效果良好的机遇，而前述案例中，AAS 项目持续推进，IBM 甚至将其当作研发项目，"优哉游哉"地发表论文，全然没有应对风险的痕迹；BAE 也出于抓住丹佛新机场项目大"机遇"（其实证明了是个"大坑"）的目的，为其争取其他新机场的合同打下基础，而刻意忽视和回避了巨大的进度风险和技术复杂度。最后，如果有完善的风险和机遇管理程序，持续、有效地监控风险和机遇发展状态是必不可少的。项目的一大特点是其内外部环境往往处于持续的动态变化之中，项目风险和机遇也经常会相互转化，仅依赖定期的甚至是静态的监控，不但不足以及时发现变化、追加应对措施，而且会误导项目决策、打乱资源分配，这在丹佛市长直至行李处理系统的延误导致新机场启动四度推迟之后，才姗姗来迟地启动独立第三方评估、直接干预 BAE 项目的进程上展现得淋漓尽致，而此时，新机场和市政府的无能已经被媒体曝光于天下多日了。同样地，虽然 FAA 最后可以用计坏账的方式将 15 亿美元定损，由纳税人买单，但是 AAS 项目的失败已经是这个官僚机构身上抹不去的烙印了。

## 8.4　其他的项目风险和机遇管理挑战

上述 FAA 的 AAS 项目和丹佛新机场的行李处理系统项目展现了其实施过程中出现的风险和机遇管理问题，但是显然地，项目风险和机遇管理的挑战不仅仅来自 8.3 节所述的相对顶层的原因。深层次地剖析下去，我们可以发现一些具有共性的、通用的挑战，这些挑战使得在某些项目，特别是有着比较特殊的管理机制和特定的组织架构的复杂产品项目中，使有效的项目风险和机遇管理落地并完善变得非常困难。同样需要强调的是，不论是国外的企业还是国内的企业，不论是私营企业还是国有企业，都有可能面对这样的挑战，陷入类似的困境。本节就列举若干商用飞机制造行业常见的挑战，并试着给出一些解决的思路，探讨一下应对之道。

### 8.4.1 行政干预

对商用飞机制造行业而言，由国家出资或是承担国家项目的企业比比皆是，在我国，其主要力量集中在国有企业。国有企业的管理机制跟前述的 FAA 以及丹佛市政府有很多相似之处，因此，能更多体现借鉴的作用。将 FAA 的 AAS 项目和丹佛新机场的行李处理系统项目放在一起比较，会发现一个很重要的共性特点——两个项目的实施决策均来自行政高层，而并非完全遵循项目管理的决策流程[1]：缺乏前期论证或者说可以忽视专业预警，无视项目约束条件，个人意志代替团队决策等，以致项目最终失败，投资打水漂儿。项目管理离不开行政支持，就像尼尔森在报告中所言，很多项目的失败也归咎于缺乏来自企业高层和项目发起人的行政支持。但是如同丹佛新机场项目总工程师斯林格在行李处理系统项目上的推进决策，利用其个人的声望和行政资源，甚至可以说在某种程度上裹挟了项目。据介绍[70]，斯林格本人是非常卓越的建筑工程师，在业界也非常有名望，但是对机械系统并不在行；而且因为事务繁多，他在行李处理系统方面根本没有太多的精力深入研究其实际需求和真正挑战，并系统地融入整个机场建设项目的统筹活动中。然而明显的是，他的个人意志最终左右了 BAE 项目的拍板和仓促上马，哪怕是他在合同签署后不久就去世的情况下，也未能给该项目带来积极的转变。在这样的行政管理味道浓厚的项目组织中，可以合理地推测，即便存在风险和机遇管理的流程，也未必能够被规范并有效地执行，甚至于成为又一个拖累工作效率的"甩锅点"（详见 8.4.2 节）——在丹佛新机场行李处理系统项目的决策过程中，"人治"代替了"法治"。

---

① 简单而言，项目管理的决策流程应该是基于充分的进展状态分析，在给定的约束条件下，选择一个最有利于实现项目目标（含进度、成本和性能质量，在商用航空业则必须增加安全方面的目标值）的路径和方案。

所以说，在项目实施过程中，如何把握行政介入的深度和程度，让项目风险和机遇的决策更多地回归项目管理层面，是一个常见并且非常具有挑战性的问题。应对这样的挑战，首先要区分项目管理本身在组织机构内的定位和基本工作模式。通常而言，项目的管理分为职能式项目管理、矩阵式项目管理、独立项目团队三种。由于完全独立的项目团队建制本身已具有一定的行政地位和闭环的管理机制，甚至可能是独立的法人，因此暂时不在我们讨论之列。对职能式项目管理模式而言，项目团队是松散的，甚至不一定存在，项目没有专门的风险和机遇管理流程，完全遵从企业或组织的全面风险管理，因此行政指令往往也是项目指令，项目的决策由企业的行政决策全权代理，所谓的项目经理①通常都是对外的联络人和企业的代表，不对项目的目标负最终责任。

对矩阵式项目管理而言，情况就较为复杂了，前述行政干预的挑战也一般是针对矩阵式项目组织。矩阵式项目组织分为三种：弱矩阵、平衡矩阵和强矩阵。从理论上讲，行政管理对矩阵式项目组织的影响力随项目矩阵本身的加强而逐步减弱。也就是说，弱矩阵项目组织会更多地接受或依赖行政系统的管理和干预；强矩阵项目组织则比较独立，除了依靠职能体系提供技术支撑外，独立行使项目决策权，对项目目标的实现负有主要的责任；而平衡矩阵项目组织对行政系统的依赖性居于上述两者之间。因此，合理、有益的行政干预需要项目组织和职能组织两方面的理解、支持和配合。

一方面，项目组织（矩阵式项目组织通常以项目团队的形式出现）要明确包括全项目管理要素在内的管理流程和工作机制，其中项目决策流程以及风险和机遇管理流程是必不可少的；同时，项目组织的管理层（项目经理和PMO）则应该与企业组织管理层或项目发起人在职责、权限、决策范围等方面提前达成共识，取得企业组织管理层的充分授权，并在项目章程内加以体现；然后，不单需要在项目组织内部带头按流程办事，也要培训、督促各级项目成员遵从统一的流程，形成良性的循环。另一方面，企业组织管理层如果确定采用矩阵式项目管理

---

① 名片上的虚衔不能等同于其真实的职责和权限，但是往往会产生误导作用。

的形式实施项目工作，则应该主动建立相应的制度，培育组织的项目管理文化、风险和机遇管理文化，最重要的是坚持流程规范和过程管理，压缩需要行政干预项目决策的空间①。另外值得一提的是，国有体制下的职能人员通常都习惯于行政决策的模式，在支持项目组织开展工作时，由于思维惯性，会依赖或进行行政干预，企业组织管理层需要采取自上而下的手段和方式，打消职能部门的疑虑，并加强对过度、频繁施加行政干预的管控力度。

### 8.4.2　风险管理与项目管理脱节

项目管理本身包含全要素管理。PMI 的 PMBoK 将项目管理知识领域分为 10 个大类，47 项知识点。中国商飞公司的项目管理体系识别了多达 50 个项目管理要素，归纳为 13 类项目要素集。因此，想在项目实施过程中时时刻刻把握所有的项目管理要素，保证按照项目管理的客观规律运作，在各种客观的压力，尤其是为抢占先机、提前进入市场的进度压力下，对项目团队和企业管理层来说都是巨大的挑战。传统的实施项目的人员和组织，不论是通过职能式项目管理还是矩阵式项目管理，通常对项目的计划管理和经费管理②等都具有较高的关注度与实践经验，而在计划经济时代的国有企业架构下，管项目基本上等同于管项目计划节点和项目经费。近几十年来，由于对质量管理的重视和推广，项目质量管理的认同度和结合度也逐步提升，类似地，商用飞机制造业避不开的适航管理和构型管理也作为重点被纳入商用飞机研发项目管理的范畴，而且保持着很高的地位。相对而言，比较缺失或成熟度偏低的项目管理要素涉及项目的整合或是集成管理，包括项目的策划、决策管理（含项目决策和技术决策）、范围管理、利益攸关方管理等。在丹佛新机场行李处理系统项目的招标定标过程中，斯林格和BAE 高层没有邀请任何航空公司的代表参与合同谈判会议，就是一个典型的缺

---

① 行政决策并非一无是处，在特定的环境和条件下，行政决策能提高效率和效益。不过，经常性地需要行政决策从某一方面也体现了组织流程管理的不完备和缺失，职责不清、权限界限不明使得组织不得不依赖高层的经验和决断力。所以，填补过程的缺失是有效解决事事要领导决策的较好手段。

② 请注意，这里说的是"经费管理"而不是"成本管理"！虽然我们常常将经费与成本放在一起讲，但是对项目实施而言，两者是有较大区别的。具体细节和解读可以参照本丛书内的相关书籍。

乏项目利益攸关方管理的例子。

风险和机遇管理在所有的项目管理要素中的实施现状处于一个相对微妙的境地。一方面，随着风险管理方法和工具的推广，越来越多的企业组织认识到了其作用，相关的风险管理流程、工作机制、工具方法也越来越趋于成熟。同时，从政府层面和国家法制管理层面，对各类企业组织的风险关注度和管理力度也一直在加强。2010 年前后，位于美国得克萨斯州大休斯敦地区的石油化工企业大量吸收位于同一地区的 NASA 航天中心及其承包商的员工，其中一大原因便是希望通过招募 NASA 团队，帮助石化行业建立有效的风险管理体系，以应对早些时候因为多起墨西哥湾漏油事件造成的行业负面影响和获利方面的打击。所以说，商用飞机制造企业的项目组织按图索骥（按照现成的文献资料和其他行业实践），建立自己的风险管理（机遇管理尚处于萌芽状态）体系形式并不难，也很容易得到企业管理层和项目发起人的认同和支持。这种风险管理体系有明确的流程、严密的组织、各种工具图表和分析技术，至少从形式上来说，要远比前文提到的集成管理、利益攸关方管理等要素完整、全面而且正式。另一方面，在矩阵式项目管理还在纠结项目与职能之间的界限，还在纠结什么是适当的行政干预介入程度的前提下，在项目管理理念，特别是全要素管理仍然未能深入人心的企业组织内，相对正规化的风险管理体系反倒成了一种另类。在大多数人都没有严格按照程序进行活动，深深依赖行政体系干预的氛围下，严格的风险管理过程以及看似烦琐的各种记录会议不易为人所接受。尤其是当"基于风险的决策"因行政干预而无法显现其实质性效果时，风险管理体系就成了鸡肋。同时，主要依据金融保险业风险管理理念开发的风险管理工具方法（参见 3.3.3 节）在面对商用飞机这样的复杂产品研发项目管理时并不一定完全适用，更导致了有限开展的项目风险管理工作效果不彰，从而加剧了业内人士对风险管理理念本身及其可能带来的效益的怀疑。如此一来，既要满足国家、项目发起人、企业管理层对实施风险管理的要求，又深感相关活动无法给项目带来实质性的好处[1]，风险管

---

① 基于项目团队的性质，项目团队更关注与项目目标相关的短期利益，通常不会为项目之外的远景目标（例如形成企业的风险文化）耗费不必要的项目资源。

理的形式化也就不可避免了。这种情形用通俗的话来描述就是"风险管理和项目管理两张皮"。当观察到下面这些现象时，项目管理层就需要有意识地检讨是否出现了风险管理形式化的情况，并及时加以纠正：一是项目风险管理状态和项目状态分开报告，没有整合和统筹；二是风险管理状态报告按照行政简报的格式编写，只谈做了什么，不说变化，没有效果评价和趋势预测；三是风险应对计划和实际的项目实施计划基本上脱节，完不完成风险应对活动并不影响原项目计划的实施；四是对项目团队负责人没有风险管理的相关考核指标；五是识别出的各类所谓风险，其实绝大部分都是问题，也同样用问题管理的手段进行应对（详见8.4.3节）。

如何应对风险管理和项目管理两张皮的挑战呢？笔者认为，综合考虑组织的机制体制、所处的环境、工作氛围以及文化习惯，从三个方面可以逐步加以改善。第一个方面是在企业组织落实全面风险管理要求的大框架下，针对商用飞机研发项目的特点和多年来行业风险管理的习惯，制定有针对性的管理策略，开发适用的管理工具。也就是说，先要承认商用飞机制造业和其他行业的不同，打造能为项目从业人员接受的、符合复杂产品发展规律的、使用行业通用语言的风险管理体系。这时候，不能抱着一步到位的思想，哪怕一开始手法"土"一点，形式"笨"一点，也要耐心推动，逐步培养使用的习惯。第二个方面是风险应对计划和项目实施计划强关联。通过强调一个项目只有一本计划，将每一个风险应对的措施、计划、活动统一纳入项目总体计划管控，动态整合，统筹协调。应对风险、捕获机遇是需要付出额外资源的，如果没有项目计划的支撑和相应资源的落实，则项目风险和机遇管理就是空中楼阁、镜中花水中月，甚至不如弃之不用。第三个方面是明确根据风险应急预案预留项目的应急储备资金，并将应急储备资金视作项目成本基线的一部分，统一纳入项目经费预算，并且在每一个项目工作包层级加以管理，减少该层级项目负责人的后顾之忧——有预案、有经费，也就是毛主席说过的"手中有粮，心里不慌"。

上述三个方面的措施就是用风险和机遇管理将项目计划、项目经费合理地结合起来，形成项目管理的组合拳。一旦能够有效落实，项目风险和机遇管理自然而然地就能跟项目管理挂起钩来，成为项目管理的有机组成部分，同时反过来促进项目管理体系的健康发展，将其他项目管理要素逐一统筹进来，形成合力，达到项目管理的真正目的。最后，借用吉姆·柯林斯在 *Good to Great* 一书中的一句话，"……将信息转化为无法被忽视的信息（... turn information into information that cannot be ignored）"，如果项目风险和机遇管理流程执行后得到的结论（无论是识别出的新风险，还是经过分析后的风险等级等）能够做到无法被忽视①，则两张皮的问题自然而然地就能得到圆满解决。

### 8.4.3　问题与风险管理模式混淆

在本书第 1 章就提到过风险与问题、风险和机遇管理与问题管理的区别（参见 1.3.4 节）。在国有企业内，面向问题的管理模式和手段已经发展得非常成熟了。前有中国航天的"双五归零"方法，后有中国商飞公司拓展创新的"基于系统工程的双五归零"②，有理论、有实践、有积累、可验证。但是，之所以用问题管理模式管理风险和机遇是商用飞机研发项目管理中的一个挑战，主要是因为光采用被动式、问题导向的管理手段已经无法满足复杂程度、技术难度如此之高的产品，以及协调难度、集成难度如此之高的项目发展需求了。如果把项目中出现的问题看作大小不一的火情，把项目管理团队视作消防队员，则缺乏风险和机遇管理或者仅用问题管理手段管理项目，就如同平时不查潜在火点、没有火灾救援和疏散预案、缺乏灭火材料储备的消防队，在火情发生时临时判断、临时决策，只能跟随火情起舞，不但容易出现决策上的失误（灭了小火、漏了大火，或者救援了相对不重要的火场、放弃了至关紧要的火场），而且不利于资源的优化配置和使用，其效果可想而知。更有甚者，反而会让风险和机遇管理工作背上"没有作用、效率低下"的"罪名"，被贴上"浪费资源"的标签，继而被污名化和边缘化。

---

①　其中一种能起直接效果的做法就是利用流程和信息化手段，让人无法绕过这一环节，必须做决策、必须关注进展、必须实施应对活动等。

②　参见本丛书内的相关书目。

混淆问题管理模式与风险和机遇管理模式的表象和后果有以下几种。第一种是将已经发生或必定发生的、会造成负面影响的事件（也就是问题）定性为风险，采取风险应对措施，安排风险应对计划，而不是直接应用问题管理方式，直面根本原因，积极解决，有可能贻误战机，造成更大、更多的问题和新风险。第二种是对识别出的风险应用问题管理手段，不分风险等级，强制设立关闭目标和节点，甚至在项目中以风险多寡论成败，设立所谓的 KPI 控制风险数量，造成"以风险多为耻"的局部文化认同，误导项目风险和机遇管理工作的开展。第三种是项目考核和资源导向，"重问题解决，轻风险预防"。笔者之前为美国 NASA 服务期间，某航天中心内公开的秘密就是某获奖最多、升迁比例最高的工程管理部门也是产品、项目问题最多的部门，而风险防范机制完善、少有项目问题的部门反而不受重视。就如同前述的 FAA 之 AAS 项目，在几乎看不到风险管理的同时，多处决策失误和武断实施的结果也仅仅是将 15 亿美元划入坏账。如果是私营企业，面对激烈的市场竞争压力，数年时间损失如此巨大的投资，能否继续生存都是问题，更不用说对直接负责人的问责了。那么，产生这种混淆的原因会有哪些呢？总结下来，可能也不外乎以下几点。其一，如果风险管理比较形式化，则出现这种混淆现象不足为奇，因为相关人员本来就没有恰当的初心将风险和机遇管好。其二，缺乏合适的工具和方法以及统一规范的流程约束，且在项目团队内部疏于培训宣贯，导致存在对风险和问题概念的模糊认识，从业人员仅仅以个体经验的认知解读风险管理要求，而管理层又没有及时跟进纠正（大部分情况下，相当一部分管理层自身也可能对风险和机遇管理的认识有限），甚至以讹传讹，留下一地鸡毛。其三，错误的考核和监控导向，使得数量有限的、规范的风险管理行为不受鼓励和支持（需要实质性的资源和权限的支持，而不是口头上的），项目成员识别风险、监控风险不但不一定讨好，甚至会影响其业绩，一来二去，要么不主动识别风险，要么采用问题管理模式以争取更多的资源。

应对混淆问题管理模式与风险和机遇管理模式的根本措施是建立对项目风险和机遇管理的正确认识，形成良好的风险文化，修正不利于风险管理氛围的考核导向。然而，这些根本措施费时费力，又如同前节所言，并非完全取决于流程执行层面的项目组织，在中长期措施无法一步到位、纠正措施效果短期内不能显现的前提下，企业组织和项目团队可以考虑采取下面这些办法，缓和混淆的局面，同时为中长期措施的落地打造合适的前提。首先是在操作层面，提供明确的问题和风险定义的判断，例如采用表6-3所示的检查单，可以快速、有效地帮助项目成员识别风险，并且避免有意无意地将问题混淆进来；其次在风险描述、分析流程、应对等方面进一步使用强制格式、检查单、操作表单等手段，将风险管理过程纳入统一轨道（参见6.3.3节的"风险发起及识别检查单"），最大限度地减少混淆处理手段的情形；再次，通过风险和机遇的分级管理制度（参见8.4.4节），让每一层级的项目团队组织管好自己的风险和机遇，同时负起责任；最后，一定要配合调整"重问题、轻风险"的管理思维，取消对风险和机遇管理起消极作用的考核导向，鼓励尽早暴露风险、采取行动，积极发现机遇、改善项目执行环境的作为。

## 8.4.4 风险管理权限集中

起源于金融保险业的风险管理理念初期关注的主要是机构面临的金融风险，目标相对单一，潜在风险源也相对单质，由金融保险机构进行统一的风险管理有助于掌控全局，提高反应速度。随着现在金融保险产品的多样化、多系列化，以及金融市场本身的全球化和多样化，采用行政化、专门化手段管理风险变得越来越困难，而所谓的建立风险文化本身，就是一种提倡全员参与、风险分担的途径。对于商用飞机这样复杂的产品，以及商用飞机研发这样牵涉面广的项目，同时在线、需要监控的活跃风险成千上万，采用高度权限集中、高层级的专门项目风险管理组织，就产生了很多新的挑战。挑战之一是顶层的专职风险管理组织不太有足够的资源同时监控所有的风险，即使要做，疲于奔命的最后结果也只能是对进展情况进行简单汇总，而缺乏足够的带宽（bandwidth）去关注更为重要的排序、改进和选择正确策略的工作，更不用说很多项目团队其实缺乏真正的专职风险管理人员。挑战之二是将各层级项目组织识别的风险放在一个篮子里的时候，很容易混淆主次。例如某基层项目团队识别出来的高等级风险与更高层级团队识别的高等级风险究竟有没有区别？如果等级相同，应该先处理哪一个？在没有采用分级模式的情况下，风险管理组织往往会眉毛胡子一把抓，可能过度关注了对项目大局影响较小的风险（对基层组织而言，这个风险可能足以导致其负责的子项目失败，风险等级自然很高，但是对上级项目组织则未必），将宝贵的项目资源过度分配到优先级不该那么高的风险上。挑战之三是风险应对效率持续走低，因为最终处置风险的权限都叠加到高层级，甚至是最高层级的项目团队，在时间、资源有限的情况下，处理火烧眉毛的问题往往会获得优先级，而风险应对被推迟、搁置，最终可能导致风险事件发生，成为新的问题。周而复始，便造成恶性循环。

风险处置的权限没有逐级下放，也是导致项目管理决策依赖行政干预的一个重要原因。当常规的流程和管理手段不足以应付层出不穷的问题和风险时，当堆积如山的瓶颈案件需要清零时，利用行政干预手段提高处理效率似乎成了唯一的手段，而由于行政领导经验面的有限性和信息获取上的差异，出现失误并衍生出新的问题和风险也就不可避免了。因此，应对这一挑战的具体做法就是按照项目层级，将风险和机遇的处置权限下放，责成每一级的项目负责人完成自身项目团队的风险和机遇管理过程，按照统一的风险和机遇上报原则和流程，有选择性地归集项目风险，而上级团队则在上报的风险基础上，开展适当的二次评估，按需调整其风险等级和应对措施，最终形成对风险应对手段和合理的资源分配（参见6.3.8节）。

## 8.4.5　信息化工具整合

在商用飞机研发项目实施过程中，面对识别出来的成千上万的风险和机遇事件以及多层级的项目组织结构，除了要有一个好的风险和机遇管理流程、保障机制和风险文化之外，好的信息化工具也是必不可少的。因为要动态追踪如此多的风险和机遇，并且在妥善分析之后及时给出适当的发展预测，以帮助项目管理层做出最符合全局利益的决策，使用人工统计和手工操作显然是不现实的。这里的信息化工具指的是经过有针对性的定制和整合后的项目风险和机遇管理信息化平台——统一入口、统一标准、统一规范、统一分享的数据库和查询系统。

之所以给出这么一个烦琐甚至拗口的定义，是因为选择合适的风险和机遇管理信息化平台也是一个常见的挑战。目前市面上流行的与项目管理相关的信息化平台中，面向项目计划、资源和绩效管理的工具最为成熟和多样化，也基本可以满足大多数行业，包括商用飞机制造业的需求，但是在风险和机遇管理方面，主要还是比较适合于金融保险业，专门为制造业开发的模块或平台并不多见。对小型制造业项目，要么自行开发一个简单的数据库，要么在现有的项目计划管理上增添一个风险模块，都是常见的做法。而对商用飞机这样复杂产品研发的项目而言，上述做法就有点捉襟见肘了。一来自行开发的专业性无法保证，应用工具类的数据库管理软件开发本身就不是商用飞机制造业的强项；二来挂接风险模块的做法需要对商用项目管理软件层次架构有深入了解，国外厂家的二次开发价格昂贵，国内厂家的二次开发质量无法保障，所以国内本行业的做法会倾向于软件定制。本来定制一款合适的软件无可厚非，但是使用的结果却经常让人大跌眼镜，甚至在使用一段时间后，软件被束之高阁成为鸡肋。究其缘由，不外乎这样几个：其一是盲目追求高大上的软件、界面、硬件配置，比较关注有没有，而不重视好不好用；其二是通过琐碎的流程和规则强调风险管理条线的权威性，以至于平台操作比手工操作更加复杂、烦琐，打消了基层人员使用的积极性；其三没有完全从行业的实际需求出发，全盘照搬国外或其他行业的做法，例如将金融保险业的工具方法简单移植到生产制造业，造成水土不服；最后也是最关键的一点是没有跟企业组织的信息化平台充分整合，统一管理，而是封闭在产品本身研发项目的小范围之内，导致外部信息输入、内部信息输出不畅，无法及时反映内外部环境对实现项目目标的影响，如果需要分析这类信息，可能还需要通过手工操作加以对接，效率和效果都无法保证。另外，显而易见地，这样的信息化平台很难起到经验共享、信息互通的作用，正好与风险管理强调的通过风险案例库的调用提高风险识别能力和效率的初衷背道而驰。应对之道也很简单直接，与项目管理信息化工具一样，需要由企业组织统筹安排，将所有的相关功能需求一并考虑，能够提供整合的便整合，无法融合的便创建模块接口，保证数据的互通性和唯一性。当然我们也知道，企业信息化系统的建立和维护本身也是一道难题，其挑战的难度与单一商用飞机研发项目可能有得一比，不过，这已经超出本书的讨论范围了。

## 8.5　本章小结

　　本章从两个与商用飞机制造业相关的真实项目案例入手，简单解析了来自世界第一民用航空强国的两个机构：美国联邦航空管理局和丹佛市政府是如何导致两个数亿甚至数十亿美元的大项目一步步走向失败的。这两个项目的失败不但造成了巨大的经济损失，而且使得这两个政府机构，乃至美国民用航空业蒙羞。两个案例的失败原因虽然很复杂，但是有共同点，其中的一个就是缺乏成熟的项目风险管理机制和有效的风险监控，从而无法及时预警管理层，让其采取合适的风险应对措施。在分析了这两个案例之后，笔者就项目风险和机遇管理理念、体系、方法与工具在中国商用飞机制造行业实施落地时，可能面临的主要挑战和有可能陷入的误区进行了梳理。这些挑战和误区不但会发生于国内企业，也同样会发于在国外企业；不但在私营企业可以见到，也一样会作用到国有企业头上。因此，提前了解这些挑战，有助于实施项目的组织有针对性地准备应对策略，安排因应资源，最大限度地避免重蹈他人的覆辙。另外，笔者也提供了应对这些挑战和误区的一些思路和建议，供读者参考使用。

# 第 9 章　结束语

与其说本书是重点介绍商用飞机项目的风险和机遇管理，不如说是从风险和机遇管理的视角和切入点出发，对笔者在商用飞机制造领域，特别是在国内的行业背景下工作、学习多年后，对中国商用飞机型号研制项目管理工作的感悟和小结。所以，本章希望从比较个人的角度，简单讨论一下在项目管理方面（自然也包括项目风险和机遇管理）三个比较重要的关系：继承与创新、理论与实践、管理与人，梳理一下在项目实施过程中比较容易被忽略和轻视的内容。期待通过这样的梳理，能帮助广大从业人员拓展思路，让项目管理人员这一类复合型人才更快、更容易地培养复合型的思维。最后，也预测几个在商用飞机项目风险和机遇管理发展过程中可能会出现的突破口。

## 9.1　创新与继承

近年来，大家对"创新是第一动力"这一句话都已经耳熟能详，也逐步认可并形成了行业乃至全民的共识。对于"新型"发展中国家①来讲，只有通过不断创新去缩短与发达国家之间的差距，亦步亦趋、紧紧追赶不一定能够实现超越。这个道理用在中国商用飞机制造行业应该是非常贴切的——几十年来，本行业的行业标准是完全被发达国家所垄断的，特别是对商用飞机至关重要的适航标

---

①　所谓"新型"发展中国家是笔者一时的创意，因为中国这个发展中大国与常规定义下的发展中国家有着很多明显的区别，所以感觉用一个新词也许更能传达其内在含义。同时，在本章节内使用，也显得应景。

准，因为整个市场只认欧美的适航当局颁发的适航证，要进入市场、发展壮大企业，适航是绕不过去的门槛。20 世纪末、21 世纪初，中国民航总局（那时的称谓）根据美国 FAA 的适航规章制度，全面改版中国的适航规章，让民用航空界从标准上跟世界接上了轨。但是，从某种意义上讲，由于标准是他人定的，解释权也在他人手里，因此无形中在学习欧美先进理念和研发经验的同时，也对自身的发展方向和技术路径等设立了条条框框。在这样的指导体系和标准框架下成长起来的研发制造队伍，凭借着航空报国的精神和艰苦奋斗的作风，通过勤奋努力补上自身的短板，减少跟世界领先水平间的落差，但是要反超甚至引领潮流，没有创新的意识和做法，几乎是不可能实现的。

　　创新意味着走前人未走过的路，也就意味着前途未卜，其不确定性带来的可能是机遇也可能是风险。毋庸置疑，"梦想客机"波音 787 自 2009 年问世以来，是一款公认的革命性机型，是进入 21 世纪后，代表商用航空制造业创新精神的典型之一。该机型也一度使波音公司在长期对垒空客公司的强势竞争后再一次强势领先，甚至逼迫空客公司两度更改其新研飞机策略，开发 A350XWB 系列与之抗衡。从某种意义上讲，波音 787 的加入，使得逐渐沉闷的、被两大商用飞机寡头把持的世界商用飞机市场在数十年后焕发了新一轮的生机①。波音 787 的研制带有明显的创新标记[73]，也将商用航空制造业"主制造商-供应商"的利益共享、风险共担模式发挥到了极致，给波音公司带来了巨大的利益和品牌价值的提升。不过，波音 787 的运营从一开始就不是一帆风顺的，在度过了锂电池危机和供应商质量问题困扰之后，近年来，波音 787 的小问题接连不断，虽然没有酿成重大事故，但是在波音 737MAX② 两起机毁人亡的恶性事故之后，任何波音系列飞机的大小事故征候，都会引起市场的骚动。截至 2020 年 12 月 3 日，专门跟踪航空事故的网站 Aeroinside③ 统计了 210 条关于波音 787‒8（2011 年 EIS）、109

---

　　① 1993 年波音 777‒200 投入运营之后，大飞机市场就没有出现过新系列机型，都是在原畅销系列的基础上修修补补，所以当年全世界对波音 787 都很期待。

　　② 2020 年 12 月 1 日，在经历了 20 个月的禁飞（自 2019 年 3 月起）之后，FAA 重新核发了波音 737MAX 系列飞机适航证。

　　③ Aeroinside.com

条 787 – 9（2014 年 EIS）、4 条 787 – 10（2018 年 EIS）的运营事故征候新闻。仅 2020 年一年，与飞机本身相关的就有如下事件：1 月 23 日，英航波音 787 – 9（G – ZBKD）在执飞从英国伦敦希思罗到美国华盛顿杜勒斯的航班（BA – 293）途中，左空调组件告警，造成机组紧急下降巡航高度。3 月 13 日，墨航（AeroMexico）波音 787 – 8（N964AM）在执飞从美国墨西哥城到西班牙巴塞罗那的航班（AM – 37）途中，因前左风挡破裂造成座舱失压而紧急下降，并备降葡萄牙拉日什（Lajes）机场。3 月 28 日，全日空波音 787 – 9（JA837A）执飞从日本东京成田到上海浦东的航班（NH – 919），从机场起飞时，右发动机一小片塑料盖板脱落未被察觉。6 月 14 日，美国航空波音 787 – 8（N816AA）执飞从美国达拉斯到德国法兰克福的航班（AA – 70），起飞后不久，因为飞控系统故障备降美国芝加哥。7 月 8 日，美联航波音 787 – 9（N27958）在执飞从意大利罗马到美国纽约的航班（UA – 2860 货机）时，因机械故障返航，而同一架飞机在之前一周连续发生了 3 起前缘襟翼故障事件，其中 7 月 2 日 2 次，7 月 3 日 1 次，均发生在日本东京。9 月 7 日，英航波音 787 – 9（G – ZBKO）在执飞从英国伦敦到美国洛杉矶的航班（BA – 269）时，因襟翼故障而返回出发机场。11 月 6 日，中国国航一架波音 787 – 9（B – 1468）在执飞从上海浦东到德国法兰克福的航班（CA – 627）时，因低油压告警而备降莫斯科。12 月 2 日，一架英航波音 787 – 9（G – ZBKL）在执飞从英国伦敦希思罗机场到美国墨西哥城的航班（BA – 243）时，因襟翼故障返航。

　　作为现存在世最为老牌的商用飞机制造商，拥有百年历史的波音公司的技术底蕴不可谓不深厚，行业经验不可谓不丰富，但是波音 787 的跌跌撞撞、波音 737MAX 的致命打击不得不说与波音公司在研发这两款新飞机时的指导思想和创新路径有着密切的关系。根据 Tang，Zimmerman 和 Nelson 在 2009 年发表的一份研究分析报告[74]，研发波音 787 时，波音项目团队基本抛弃了多年来主制造商带领供应商研制的稳妥模式，采用大幅度转设计承包的方式发展了世界多地的承包商，共同开发产品。例如，针对其使用传统研制模式的波音 737 和 21 世纪第一个十年内研制的波音 787 两个机型进行比较，前者外包工作量占比为 35%～

50%，而后者则高达 70%，供应商角色从传统的契约合同制向"战略伙伴+一级供应商"全面转化，前者有数以千计的各级供应商直接由波音公司进行项目管理，后者大幅减少到 50 家左右，这个跨越在相对保守的商用飞机制造行业是相当惊人的。之所以推动如此之大的跨越，波音公司当然有其充分的理由，比如说其总装时长由波音 737 时代的 30 天大幅缩短到波音 787 时代的 3 天，因为大多数舱段都是在供应商处完成后运到波音工厂总装的。但是在波音 787 机型热卖的背后，也隐藏着对设计承包商管控线长、管控力不够甚至无法约束的情形，远程共享技术也远远未达到期望的支持水平。在研制波音 737MAX 时，虽然有所调整，但是在波音 737MAX 的致命事故原因中，是否这种创新模式也需承担一定责任，值得业界深入分析和思考。波音 787 其实是一个鲜活的机遇与风险共存的典型，它给我们提出一个值得深思的问题：对本行业来讲，工程应用创新和管理创新①的"度"在哪里？是强调"不积跬步无以至千里"，还是追求"不鸣则已，一鸣惊人"？事实上，这个问题就是提醒从业者怎样适当掌握"创新"与"继承"两者间的平衡。

首先，应该绝大多数人都会同意一味强调某一方面，比如只顾"创新"不认"继承"，或者紧抱"继承"不谈"创新"都是不可取的。一方面，航空制造业的发展是建立在无数先驱们的血汗，乃至生命基础上的，没有长年不断的知识传承和经验积累，就没有今天蓬勃发展的民用航空业，"根"不能说断就断。另一方面，航空业同样也是航空先驱们勇于创新、大胆创新的结果，从无到有，从模仿自然到完善理论，没有不间断的航空理论和实践的创新，民用航空业就不会在短短百年时间内变成普罗大众都可以享受到的出行便利，因此"新"的脚步也绝不能停。创新也好、继承也罢，需要根据具体的应用场景和潜在的机遇风险系数来确定继承什么，创新什么。所谓"应用场景"是使用对象和特定环境，比如说某些做法在国外已经是技术成熟、应用成熟的，但在国内是第一次或从来

---

① 笔者特意没有选择对"技术创新"进行讨论，因为在笔者看来，技术创新应该是完全开放、全面鼓励的，只有具备了足够多的超前技术，才能给工程应用和技术管理提供足够多的选项，才有应用和管理创新的空间。所以，不应设置技术创新的上限，但要关注应用新技术时管理手段的"为创新而创新"现象。

未应用到实际的运行场景中去的，那么对国内的实施单位而言，大概率属于创新，尤其是在遇到国际技术封锁等情形下，更是如此。而所谓"机遇风险系数"则是借用了效费比或者性价比的概念，需要分析在选择创新或继承路径后，捕获机遇带来的收益是否大于承担风险导致的负面影响。还是拿上述例子进行分析，如果国内在创新时一没技术、二没时间、三没有更成熟的替代方案，那么选择完全技术创新、奔着追赶世界先进技术水平的单一目标，也许并不是最合适的。国内有这样的情形，国外也有，"协和"式飞机的黯然退场，不是其不够创新，也不仅仅是发生了空难，而是其创新的步伐太大，超越了市场和时代的需求①。最后，在商用飞机制造领域，创新不应该局限于技术创新方面，而应该是全方位的。从大的方面说，坚持中国特色社会主义，释放了社会生产力的活力，带动整个中国大陆的经济发展达到了前50年无可企及的高度，其原因之一在于思维模式的创新。但是以中国商用飞机制造行业为例，在具体开发产品和服务的时候，往往都自觉或不自觉地聚焦到技术创新上，包括人力、物力、资源的倾斜政策，绝大部分是以技术创新为导向的，而比较忽视应用创新和管理创新内容。项目，或者说商用飞机工程项目的首要任务是提供一个能产生经济效益的解决方案，技术水平和应用只是方案的一个组成部分。具体到风险和机遇管理过程方面，应该继承规范的过程要求和之前案例库的经验教训，而大胆创新包括技术升级的解决方案，但不拘泥于仅关注技术风险或仅依靠技术提升手段来应对风险。

## 9.2 理论与实践

与风险和机遇类似，理论与实践也总是相互依存的。理论研究的目的是将理论应用到实践中去，再通过实践经验丰富理论的内容和深度。因此从工程应用角度讲，无法被实践应用，或者应用效果很差的理论需要自省和自我改造——究竟是应用的对象和领域不匹配，还是理论过于超前没有用武之地，抑或是指导思想

---

① 关于"协和"式超声速客机的历史在这里就不赘述了，网络上有足够多的信息可以提供佐证和思考。

（参见 8.4.2 节）导致的问题。本书介绍了一定的理论知识，也提供了大量真实的实践和模拟案例，并且试图通过浅显易懂的工具和方法，将理论和实践有机地组合起来。但是，读者应该清晰地认识到一点：通常条件下，理论的更新往往跟不上实践的发展，并且无法涵盖所有实践场景。风险管理中的"黑天鹅事件"就非常形象地诠释了这个观点。

2020 年注定在人类历史上留下浓重的一笔。年初，传染性极强的新冠病毒（世界卫生组织将其命名为"COVID-19"）感染疫情迅速暴发，短短数月之间几乎席卷了全球每一个角落。更是在多国疫苗研发成功并普遍接种之后，仍通过德尔塔（Delta）、奥密克戎（Omicron）等传染性更强的变异毒株一再施虐。截至 2022 年 2 月 25 日，全球确诊人数超过 4.3 亿，其中死亡病例已高达 592 万①。新冠病毒的大流行似乎让人无法想象到，在经历了 2002 年谈虎色变的全球公共卫生事件 SARS（非典型肺炎，2002 年 11 月至 2003 年 7 月，全球感染超过 8 000 人，死亡 774 人）之后，在医疗技术和信息化水平远超 SARS 时期的今天，整个公共卫生系统和预警机制会在这个诡异的病毒面前显得如此脆弱，以致对整个世界的政治、经济秩序造成了相当程度的冲击。不但出现了自第二次世界大战以来最大范围和规模的停工、停学、封城、封境，还在极大程度上冲击并持续改变着全球的政经生态。因应中国的一句老话，"分久必合，合久必分"，维持了 80 年之久的国际关系架构面临着重新洗牌，但是那是各国政府和政治家们需要关心的问题，不是本书想要讨论的话题。不过新冠疫情对全球民航业和商用飞机制造业的冲击却是实实在在，并需要在此深入讨论的。根据国际航空运输组织（IATA）官网的分析[75-76]，全球商用航空行业 2020 年净亏损达到 1 377 亿美元，2021 年底仍有约三分之一的机队处于停飞状态；仅截至 2020 年 10 月底，总航班数就从 2019 年的 3 890 万剧降至 2020 年的 1 640 万，降幅接近 60%。而本行业 2020 年的总收入较前一年下降 4 650 亿美元，降幅达到 55.5%，2021 年虽然略有回升，但仍比疫情暴发前的 2019 年下降 43.6%，而 2022 年的预计数值仍将远逊于 2019

① 数据来自世界卫生组织网站 covid19. who. int。

年的水平①，民航业全面复苏和重回巅峰尚待时日。民航运输业的需求下降，直接冲击了商用飞机制造业的经营，全球两大干线商用飞机制造商美国波音公司和欧洲空客公司的客户们纷纷延迟接收新机甚至取消大笔订单。业界裁员的消息此起彼伏，光美国波音公司2020年二季度就宣布裁员15%，整个公司将减员超过16 000人，占现有员工总人数的10%。面对这样的情况，人们会很自然地问道："在10年经济稳步增长，特别是全球商用航空市场飞速发展的时候，有没有国家和企业曾经预测到这样的事件和这种规模的影响？如果有的话，他们做了什么样的准备？效果如何？"更进一步的思考可能是："中国人说'塞翁失马，焉知非福'，危机就是危险的机会，即使碰到了这百年一遇的大危机，企业和个人是否还能把握稍纵即逝的机遇，在业界洗牌之际有所作为呢？"

　　显然，从风险和机遇管理的角度去看，新冠病毒事件就是一个典型的"黑天鹅事件"，哪怕之前有过SARS的教训，这么快遇上这么严重的流行疾病，从概率上讲，也很难有政府先期投入足够的经费和资源去加以防范。就像差不多二十年前，有些地方明明建成了可抗百年一遇的洪水的堤坝，却马上遇上了千年一遇的灾难的情形。按照理论，"黑天鹅事件"属于极小概率，但是其造成的不利影响巨大。怎么预防和控制（prevention and containment）对风险和机遇管理的实践应用提出了新的挑战。参照我国政府在确认新冠疫情暴发之后采取的一系列措施，并且取得了良好效果的鲜活事例，笔者认为项目风险和机遇管理应该可以从中汲取以下三个启示：第一个启示就是不能简单盲目地照搬理论。"尽信书，则不如无书"——理论上来说，对被识别出的高等级风险必须要有应对计划、制定应急预案、预留应急储备资金。如是，应对新冠病毒这样的大流行性疾病，应对计划是建立国家级公共卫生应急响应机制，这一条在SARS之后已经有所完善，但是在事件真正发生之前，应急预案很难具体到封城、全国大中小学停课等内容，国家也很难将数以千亿计的资金事先预留、随时应对。因此，在很多特殊情况下，采用一刀切的理论手段解决千变万化的实践场景，不但不现实，而且会导

　　① 数据来自国际航空运输组织网站 www. iata. org/en/iata-repository/pressroom/fact-sheets/industry-statistics/。

致更多的负面效应。这就给我们带来了第二个启示，采用积极常备的危机处理机制，形成上下统一的决策、执行架构，提高应急的反应速度，也就是说在风险事件发生后，跟"黑天鹅事件"抢时间，同时控制其影响范围。在国内商用飞机产品研发类的大项目上，应对"黑天鹅事件"的思路和做法也大致相当，但能更加完善的地方是一定要有健全的响应机制和信息传达通道，既要有专门的"吹哨人"，也要有不会被人为干扰的沟通渠道，以保证反应的及时和精准。第三点启示就是问题或危机的应对只能作为实践中对理论规范的临时性调整，而不能成为常态。仍然以我国应对新冠病毒为例，在将传播源、发病人员管控到理想水平之后，立刻复工复产，按照原定计划有条不紊地持续实施，虽然年度经济增长预期有所下调，但还是成为 2020 年全球为数不多 GDP 正增长的国家。项目实施亦是如此，如果一味依赖应急处理机制，总是处于救火状态，那只能显示项目的风险和机遇管理乃至整个项目管理缺乏章法，没有理论指导，或者不按理论原则办事。

## 9.3　管理与人

管理工作离不开人。不管是"管事理人"还是"管人理事"，人往往不仅是管理的主体，而且很可能是管理的主要对象。在项目管理经典理论之一的PMBoK 中，人力资源是作为单独一个知识领域提出来的，所以管理工作不考虑人的因素，既不符合形而上，也不会带来预期的效果。近年来，人工智能（AI）技术发展迅猛，随着全自动驾驶汽车、飞机的实用化，有人可能会问："将来有一天，管理工作是否能够由 AI 完全替代，从而将'人'的变量从方程式中彻底去掉[①]呢？"笔者认为，虽然这种可能性是存在的，而且现实中 AI 也在逐步替换许多常见的由人主导的管理工作，比方说这段时间比较热门的"人脸识别"的话题，其产生争辩的缘由就是用人工智能的算法和工具代替人工的肉眼比对后，

---

① 理论上讲，变量越少，控制系统就越简单，其输出结果、精度、效率都会有所得益，当然是件好事。

是否符合保护个人隐私以及防范不当传播等规定。但是在可预见的未来，不论是技术发展的成熟度，还是道德规范、文化、法律法规等方面的认同和接纳速度，由类似 AI 的技术手段完全替代人在管理中发挥作用还不够现实，因此，在这里讨论管理与人的关系仍然是有必要的。

既然人可以行使管理职责，又会被作为管理对象来对待，我们的讨论就不能仅局限在某一个方面，而是要同时看看硬币的正反面。在共性方面，人最大的特点就是"难以预测性"——也就是说，无论作为管理者还是管理对象，人的行为是这个变量最难预知的输出。不像其他遵从自然科学规律的管理要素，人的行为规律受内外界因素的影响较大，很难用简单并且定量的模型加以精确描述，所以评判或比较管理效果时，离开管理行为发生的内外部场景和制约条件是没有特别意义的。我们常说，"管理没有对错之分，只有合适与不合适的区别"，指的也就是这种现象。同一种管理行为或方式在不同的时空场景下，其效果可能会发生质的变化，这是我们在应用管理理论、实践管理行动时需要时刻提醒自己的。如此一来，管理就变得相当复杂了。由于不能强制性地用一个公式或一组公式应对所有场景，因此管理理论都显得相对模糊甚至模棱两可，尤其对那些长期接受技术训练的人员而言，不但不容易认可，反而会产生抵触。当作为管理对象的人感觉管理行为不能为其工作带来实质性帮助或者成效不够显著时，而监管和问责机制又不够健全的情况下，8.4.2 节所提及的管理与现实脱节的现象可以说是无可避免的了。即便有着完整的监管机制，但是一旦监管放松，反弹也会过于强劲，甚至将原先的成效逐一削弱。而作为管理者的人在不知为何而管（初心的问题）或者过于教条（拘泥于理论）时，同时对管理者的监管和问责机制又不健全的情况下，就会出现 8.4.1 节和 8.4.4 节所述的问题，用"人治"代替"法治"，虽然出于提高效率的初衷，最后却造成总管理效率低下的事实。

回到项目风险和机遇管理上来，如何解开管理与人之间存在的矛盾问题呢？既然是与人相关，首先就应当由人入手，在组织内形成真正的风险文化，这也是国资委在对国有企业下达全面风险管理要求时，念兹在兹的一件事（参见 5.2.3 节）。出于对群体认同的内在动力，群体中的人更乐意按照这个群体的行为习惯和偏好（文化的组成部分）去调整自身的行为模式，文化对规范参与者有着不可替代的影响，因此在风险文化尚未形成或不够成熟的情形下，项目风险和机遇管理的倡导者在工作实施过程中需要有足够的耐心和预见力，并且积极配合企业的经营层或项目组织的管理层建设风险文化。其次，企业的经营层或项目组织的管理层有责任以自身为典范，主动作为，推动被组织认可的项目风险和机遇管理流程的落地，示范风险和机遇管理工具方法的"规范"使用。这里，项目组织的管理者责任重大：一方面，项目组织管理者承接企业组织对项目的风险和机遇管理顶层要求，是执行者和管理对象；另一方面，项目组织管理者又需要细化企业顶层要求，结合项目和项目管理特点，约束和规范项目组织内部人员执行项目风险和机遇管理流程的行为，是管理者。一旦这一层级的人员的认知和行为出现不被期望的结果，整个项目组织的风险文化就无从建立或延续，从而导致风险和机遇管理在项目执行中各种"不达标"，最终影响效果和产出。最后可以考虑的是建立明确的监管和问责机制，尽可能将项目组织内各类人员的可能行为约束在可控范围之内。这包括订立实施原则，明确规范行为的评判准则，统一因疏忽或不作为导致不利后果的奖惩制度，并且严格执行。其实这第三点的落地是最难的，尤其是在国有经济中，并且和社会制度无关。在美国某国家研究机构内，从事同一项目工作的公务员与承包商在项目失败遭遇问责时，公务员接受的惩罚几乎可以忽略不计，而承包商员工甚至会面临失业的困扰。但是，不解决好问责，监管就形同虚设，也不利于建设好的风险文化氛围。

## 9.4 应用发展的突破口

用一句话来概括国内商用飞机项目风险和机遇管理应用发展，可以说是：时机成熟、条件具备、前景看好。所谓"时机成熟"，是指关于项目管理的理论、工具和方法在国内外都已发展多年，积累了一定的经验和实践准则，被证实是有效的；即使在商用飞机制造领域这个相对小众的行业，也有大量的最佳实践可供参考。在此基础上，国内的从业者们应该迎头赶上。所谓"条件具备"，是指近二十年来，国内商用飞机型号已发展多款，与国外的长期交流也为开发适合我国国情的风险和机遇管理工具和方法打下了基础，有发展平台、有理论依据、有最佳实践，更有我国政府坚定的支持和国内商用航空的广阔市场，可以说万事俱备。所谓"前景看好"，是指商用飞机项目风险和管理在国内仍然属于成长中的"少年"，发展潜力和空间都很大，尤其是结合企业的全面风险管理体系和文化建设，有着广泛的应用前景。

笔者认为有几个突破口值得研究项目风险和机遇管理的学者、开发项目风险和机遇管理工具的商业机构以及应用项目风险和机遇管理手段研发中国商用飞机的从业者们思考。第一个突破口来自国有企业职能定位和机制体制的转变。去行政化的进程使得越来越多的国有企业回到直接面对竞争性市场的企业经营轨道上来，甚至会有越来越多的国有企业负责人从半官员的身份向纯企业家的身份转化。他们将更加注重市场的不确定性带来的风险和机遇，更动态地关注企业所有风险和机遇的来源，因此也给项目风险和机遇管理提供了更为宽广的实施应用空间。企业组织的经营层在有市场经济需求的正向压力和推动下，才会产生对应用风险和机遇管理工具和方法的需求，才能更坚定地站在推动者的角度去建立企业的风险文化，这样，关于9.3节中提到的经营层主动作为也就有了实际的意义。第二个突破口是项目管理的职业化，也就是本书在3.3.3节中详细阐述过的职业经理人制在商用飞机制造业内落地的可能性。职业化的标准就是"专业的人做专业的事"，将现在大量聚集在行政管理和项目管理岗位上的优秀工程技术人员、科学家以及技术工人释放出来，将很多有能力、有想法、有冲劲，愿意从事项目管理的人员发掘出来，优化企业人力资源配置。在这个人力资源永远短缺的飞机制造领域，提高资源的利用率是永远不过时的，而职业的项目经理人对包括风险和机遇管理在内的所有项目管理要素的认知更深、理解更到位，并且由于是专职实施，心无旁骛，也更能有效提升管理效能。第三个突破口是项目风险和机遇管理在面向国际贸易风险应对时的深度应用。商用飞机的研发离不开全球供应链和全球市场，而中国国内的商用飞机制造企业普遍在面对国际化、全球化趋势时，凸显出经验储备不足的问题。特别是近年来中美贸易摩擦、中国和老牌西方发达国家间各个层面的冲突和矛盾，使得风险管控应用变得更为紧迫。同时，"一带一路"倡议的推进，2020 年 11 月 15 日由东盟和中日韩在内的 15 个国家签署，被称为"全球最大自贸区"的《区域全面经济伙伴关系协定》（RCEP）都是机遇管理应该关注的发展方向。这时候，项目层级的风险和机遇管理开始向着项目群层级转化，不仅仅是执行企业制定的项目目标，还要考虑项目群的经营目标。这些对目前的中国商用飞机制造业来说，都属于比较空白的领域。第四个突破口是开发更适合中国商用飞机制造业的风险和机遇管理工具和方法，并且在开发过程中保证与企业信息化平台的全面接轨，"大数据"和"共享"是这个突破口的两个热词。根据之前的介绍和分析，目前流行的诸多风险管理工具，特别是量化的计算模型和方法大多来自金融保险业，并不适合制造业，更不用说研发复杂产品的商用飞机制造业，加上中国企业的特色，需要有深层级的软件开发能力，工具要具有针对性。另外，独立于企业信息化平台之外的项目信息管理平台（含项目风险和机遇管理信息），其价值和效能也会打折扣，因此不是买现成的软件，而是在统筹的前提下定制开发。

# 参考文献

［1］Project Management Institute. 项目管理知识体系指南（PMBOK® 指南）［M］. 6 版. 北京：电子工业出版社，2018.

［2］Project Management Institute. 项目组合、项目集和项目治理实践指南［M］. 何国勋，焦春芳，许江林，译. 北京：电子工业出版社，2016.

［3］王小强. 中国航空工业向何处去［J］. 战略与管理，1999，5：16‐20.

［4］项目管理协会. 项目组合管理标准［M］. 4 版. 王勇，张斌，译. 北京：电子工业出版社，2019.

［5］汉斯-亨利奇·阿尔特菲尔德. 商用飞机项目——复杂高端产品的研发管理［M］. 唐长红，等，译. 北京：航空工业出版社，2013.

［6］李长江. 项目群管理理论与实践——北斗导航卫星系统项目群管理最佳实践［M］. 北京：电子工业出版社，2014.

［7］黄津孚. 机遇管理导论［M］. 北京：首都经济贸易大学出版社，2005.

［8］Cressionnie L L B. AS 9100D series transition update：the new 9100-series standard provides an opportunity for organizations to examine their quality management system［J］. Quality, 2017, 56（7）：B8+.

［9］贺东风，赵越让，郭博智，等. 中国商用飞机有限责任公司系统工程手册［M］. 2 版. 上海：上海交通大学出版社，2018.

［10］NASA Headquarters. Systems engineering handbook［Z］. 2007.

［11］INCOSE. System engineering handbook — A guide for system life cycle processes and activities，v3［Z］. 2006.

［12］吉姆·柯林斯，杰里·波勒斯.基业长青（珍藏版）［M］.北京：中信出版社，2009.

［13］Hamel G, Prahalad C K. Competing for the Future［M］. Boston：Harvard Business Press，1996.

［14］钱学森，等.论系统工程（新世纪版）［M］.上海：上海交通大学出版社，2007.

［15］贺东风，赵越让，郭博智，等.中国商用飞机有限责任公司系统工程手册［M］.5 版.上海：上海交通大学出版社，2021.

［16］沈莲军.复杂产品系统研发项目组织风险评估研究［D］.南京：南京航空航天大学，2010.

［17］Bedingfield K L, Leach R D, Alexander M B. Spacecraft system failures and anomalies attributed to the natural space environment［R］. NASA Reference Publication 1390，1996.

［18］李家祥.世界民用航空与中国民用航空的发展［EB/OL］.（2009 - 06 - 19）［2020 - 05 - 18］. http：//www. caac. gov. cn/XWZX/MHYW/200906/t20090619_ 12358. html.

［19］Boeing. Commercial market outlook 2022—2041［EB/OL］.［2022 - 09 - 30］. http：//www. boeing. com/commercial/market/commercial-market-outlook.

［20］Airbus. Global market forecast 2022—2041［EB/OL］.［2022 - 10 - 10］. https：//www. airbus. com/en/products-services/commercial-aircraft/market/global-market-forecast.

［21］中国商飞公司新闻中心.中国商飞发布 2021—2040 年市场预测年报［EB/OL］.（2021 - 09 - 28）［2022 - 09 - 30］. http：//www. comac. cc/xwzx/gsxw/202109/28/t20210928_ 7328890. shtml.

［22］中国商飞公司.中国商飞公司市场预测年报 2020—2039［R/OL］.［2022 - 02 - 25］. http：//www. comac. cc/fujian/2020-2039nianbao_ cn. pdf.

［23］程大林，田玉蓉，司群英，等．航天项目研制风险识别与分析探索［J］．中国电子科学研究院学报，2019，14（2）：146-150．

［24］中国商飞公司新闻中心．创新2020丨应对疫情冲击 创新工作方式 中国商飞坚决打赢型号研制攻坚战［EB/OL］．（2020-04-26）［2020-08-04］．http：//www.comac.cc/xwzx/gsxw/202004/26/t20200426_7246425.shtml．

［25］Song V. Boeing 747s still use floppy disks to get critical software updates［EB/OL］．（2020-08-11）［2020-08-20］．https：//gizmodo.com/boeing-747s-still-use-floppy-disks-to-get-critical-soft-1844683811．

［26］邹海宁，胡立安．庞巴迪宇航C系列项目风险管理浅析［J］．飞机设计，2012，32（2）：36-42，67．

［27］Haywood M M，Peck H．Improving the management of supply chain vulnerability in UK aerospace manufacturing［C］．In Proceedings of the 1st EUROMA/POMs Conference．2003．

［28］Figueiredo P，Silveira G，Sbragia，R．Risk-sharing partnerships with suppliers：the case of Embraer［J］．Journal of Technology Management & Innovation，2008，3（1）：27-37．

［29］Yoon H-K，Byun J-H．A program level application of design for Six Sigma in the aircraft industry［J］．Industrial Engineering & Management Systems，2011 10（3）：232-237．

［30］Jenab K，Wu C，Moslehpour S．Design for six sigma：a review［J］．Management Science Letters，2018，8（1）：1-18．

［31］Peoples R，Willcox K．Value-based multidisciplinary optimization for commercial aircraft design and business risk assessment［J］．Journal of Aircraft，2006，43（4）：913-921．

［32］Young T M．Aircraft design innovation：creating an environment for creativity［J］．Proceedings of the Institution of Mechanical Engineers，Part G，Journal of Aerospace Engineering，2007，221（2）：165-174．

[33] Reddy V S. The SpaceX effect [J]. New Space, 2018, 6 (2): 125 – 134.

[34] Muratore J. System engineering — a traditional discipline in a non-traditional organization [R]. Space X presentation, AIAA, 2012.

[35] 张飞雁. 中国国有企业混合所有制改革的路径研究 [D]. 北京: 中共中央党校, 2019.

[36] 王维翰. 难忘的运 10——中国第一架大型喷气客机研制纪实 [M]. 上海: 上海文化出版社, 2013.

[37] 刘济美. 一个国家的起飞——中国商用飞机的生死突围 [M]. 北京: 中信出版社, 2016.

[38] Airbus, Trouble and Strife (1968—1969) [EB/OL]. [2019 – 12 – 16]. https: //www. airbus. com/company/history/aircraft-history/1968-1969. html.

[39] 中国航空工业集团有限公司发展历程 [EB/OL]. [2020 – 01 – 10]. https: //www. avic. com. cn/jtwz/cn/gxwm/jqgk/fzlc/index. shtml.

[40] 佚名. MPC – 75? AE – 100? 揭秘你不知道的中国民航客机 [EB/OL]. (2017 – 05 – 05). http: //news. carnoc. com/list/401/401817. html.

[41] 许蔡. AE – 100 飞机已名花有主 [J]. 世界产品与技术, 1997, 2: 33.

[42] 中国广播网. 中国军用大飞机研制需突破三大瓶颈 [N/OL]. 中国日报, 2010 – 02 – 02 [2020 – 01 – 10]. http: //www. chinadaily. com. cn/hqjs/2010-02/02/content_ 9414976. htm.

[43] 《环球飞行》杂志社. 中国飞机 (珍藏版) 中卷 [J]. 环球飞行, 2009, s1: 668.

[44] 中国航空工业集团有限公司, 支线飞机-新舟 60 [EB/OL]. [2022 – 09 – 30]. https: //www. avic. com. cn/sycd/ywly/myhk/zxfj.

[45] 廖明山. 新舟 600: 填补国内多项空白 [N]. 珠海特区报, 2012 – 10 – 18 (5).

[46] 侯云龙. 新舟 700 进入工程发展阶段 2021 年投入市场 [EB/OL]. (2018 – 01 – 08) [2020 – 01 – 10]. http: //www. xinhuanet. com/politics/2018-01/

08/c_ 1122223502. htm.

［47］中国商飞公司新闻中心.国产喷气支线客机 ARJ21 荣获 2019 年度国家科学技术进步奖一等奖［EB/OL］.（2020. 1. 10）［2020－01－12］. http：//www. comac. cc/xwzx/gsxw/202001/10/t20200110_ 7165220. shtml.

［48］何哲.大型飞机项目风险管理研究［D］.上海：上海交通大学，2009.

［49］刘乾酉，李根新，夏杰. ARJ21－700 新支线飞机项目发展历程、探索与创新［M］.上海：上海交通大学出版社，2017.

［50］郭博智，李玲，叶群峰，等.支线飞机项目管理［M］.上海：上海交通大学出版社，2017.

［51］中华人民共和国国务院.国家中长期科学和技术发展规划纲要（2006—2020年）［EB/OL］.（2006－02－09）［2020－04－20］. http：//www. gov. cn/jrzg/2006-02/09/content_ 183787. htm.

［52］赵璨，王星晨，曹伟，等.国有企业混合所有制改革中的制度阻力——基于地方政府政绩压力的证据［J］.上海财经大学学报（哲学社会科学版），2020，22（2）：51－68.

［53］桁林.“大国有”战略下国企改革的任务与趋势——对国企三次改革大潮的反思［J］.福建论坛（人文社会科学版），2011，（10）：140－146.

［54］王永.转型时期国有企业管理创新动因、目的、内容之间内在关系研究［J］.科技与管理，2012，14（5）：49－53.

［55］Bajona C，Chu T S. Reforming state owned enterprises in China：effects of WTO accession［J］. Review of Economic Dynamics，2010，13（4）：800－823.

［56］Trefis Team. How Airbus has grown over the years to dethrone Boeing as the largest commercial aircraft maker［EB/OL］.（2020－01－16）［2020－04－29］. https：//www. forbes. com/sites/greatspeculations/2020/01/06/how-airbus-has-grown-over-the-years-to-dethrone-boeing-as-the-largest-commercial-aircraft-maker/#3b682cef3a59.

［57］Marisa Garcia. Airbus buys Bombardier out of commercial aviation for ＄591 million ［EB/OL］.（2020－02－13）［2020－04－29］. https：//www. forbes. com/sites/marisagarcia/2020/02/13/airbus-buys-bombardier-out-of-commercial-aviation-for-591-million/#42bb9c531783.

［58］Routers. Brazil antitrust regulator gives nod to Boeing-Embraer deal ［EB/OL］.（2020－01－27）［2020－04－29］. https：//www. reuters. com/article/us-embraer-m-a-boeing/brazil-antitrust-regulator-gives-nod-to-boeing-embraer-deal-idUSKBN1ZQ2DQ.

［59］Pavcnik N. Trade disputes in the commercial aircraft industry ［J］. The World Economy, 2002, 25（5）：733－751.

［60］Irwin D A, Pavcnik N. Airbus versus Boeing revisited：international competition in the aircraft market ［J］. Journal of International Economics, 2004, 64（2）：223－245.

［61］Bitzinger R A. China：leading the rebirth of Asia's commercial aircraft industry? ［R］. S. Rajaratnam School of International Studies, 2010.

［62］简南红. 全球十大航空企业在华专利战略的特点及对策 ［J］. 中国科技论坛, 2016,（3）：93－99.

［63］Collins J. Good to great：why some companies make the leap and others don't ［M］. New York：Harper Business, 2001.

［64］Airbus. A380 facts and figures ［EB/OL］.［2022－09－30］. http：//www. airbus. com/sites/g/files/jlcbta136/files/2021-12/EN-Airbus-A380-Facts-and-Figures-December-2021_ 0. pdf.

［65］石鹏飞, 谭智勇, 陈洁. 先进民机飞控系统发展的需求与设计考虑 ［J］. 中国科学（技术科学）, 2018, 48（3）：237－247.

［66］何椿. 总体, 代表了一架飞机的水平 ［N］. 大飞机报, 2017－06－28（3）.

［67］余建斌. ARJ21 喷气客机大侧风试飞成功 ［EB/OL］.（2018－04－09）［2020－06－10］. http：//www. gov. cn/xinwen/2018-04/09/content_ 5280734.

htm.

[68] 付琳，孙康宁，徐南波. 民用飞机大侧风验证试飞方法研究 [J]. 民用飞机设计与研究，2015 (2)：41-42，73.

[69] Cone E.. The ugly history of tool development at the FAA [EB/OL]. (2002-04-09) [2020-12-05]. https：//www. baselinemag. com/c/a/Projects-Processes/The-Ugly-History-of-Tool-Development-at-the-FAA.

[70] Calleam Consulting. Case study — Denver International Airport baggage handling system — An illustration of ineffectual decision making [R]. 2008.

[71] Weiss T R. United axes troubled baggage system at Denver Airport [EB/OL]. (2005-06-10). https：//www. computerworld. com/article/2556725/united-axes-troubled-baggage-system-at-denver-airport. html.

[72] Nelson R R. IT project management：infamous failures, classic mistakes, and best practices [J]. MIS Quarterly executive, 2007, 6 (2)：67-78.

[73] Emery B. Innovation in commercial aircraft：the 787 Dreamliner cabin [J]. Research-Technology Management, 2010, 53 (6)：24-29.

[74] Tang, C S, Zimmerman J D, Nelson J I. Managing new product development and supply chain risks：the Boeing 787 case [J]. Supply Chain Forum：An International Journal. 2009, 10 (2)：74-86.

[75] IATA. Annual review 2020 [R/OL]. (2020-11). https：//www. iata. org/contentassets/c81222d96c9a4e0bb4ff6ced0126f0bb/iata-annual-review-2020. pdf.

[76] IATA. Annual review 2020 [R/OL]. (2021-10) https：//www. iata. org/contentassets/c81222d96c9a4e0bb4ff6ced0126f0bb/iata-annual-review-2021. pdf.

# 缩略语

| | | |
|---|---|---|
| DFSS | design for six sigma | 面向六西格玛的设计 |
| EIS | enter into service | 投入运营 |
| INCOSE | International Council on Systems Engineering | 系统工程国际委员会 |
| IPT | integrated product team | 集成产品团队 |
| KPI | key performance indicator | 关键绩效指标 |
| KRI | key risk indicator | 关键风险指标 |
| PC | production certification | 生产许可证 |
| PMBOK | project management body of knowledge | 项目管理知识体系 |
| PMI | Project Management Institute | 美国项目管理协会 |
| PMO | program/project management office | 项目管理办公室 |
| PMP | project management plan | 项目管理规划 |
| RBS | risk breakdown structure | 项目风险分解结构 |
| RPN | risk probability number | 风险概率指数 |
| RSP | risk sharing partner | 风险共担合作伙伴 |
| SME | subject matter expert | 主题专家 |
| TC | type certificate | 型号合格证 |
| TRL | technology readiness level | 技术准备等级 |
| WBS | work breakdown structure | 工作分解结构 |

# 索　引

IPT　57
KRI　133
PMI　2
RBS　105

**C**
产品生命周期　100
初始风险信息　114
初始信息搜集　105
创新　2

**F**
范围蔓延　20
风险　1
风险案例库　114
风险编号　123
风险辨识　93
风险承担　94
风险登记册　83
风险等级　51
风险发起检查单　114
风险发生概率　106
风险分解结构　105
风险分析　48
风险概率等级　121
风险概率指数　121
风险概率指数矩阵　95
风险管控措施　125
风险管理　20
风险管理策略　48

风险管理工具　60
风险管理利益攸关方　102
风险管理信息系统　93
风险规避　94
风险缓解　94
风险接受　94
风险矩阵　123
风险控制　16
风险评估　41
风险评价　94
风险潜在后果　114
风险上报机制　134
风险识别检查单　110
风险事件描述　114
风险文化　49
风险应对　50
风险应对措施　94
风险应对计划　84
风险应急预案　125
风险源　17
风险源线索表　105
风险转移　94
风险状态通报　135
风险状态信息　136
风险坐标图　95
复杂产品　17

**G**
工作分解结构　21
供应链风险管理　55

关键风险指标 96

**J**

机遇 2
机遇管理 1
集成产品团队 57
技术成熟度 55
技术准备等级 62
经营活动 1

**L**

利益攸关方 8

**M**

美国项目管理协会 2

**Q**

企业风险 93
企业风险管理文化 95
全面风险管理 27
全面风险管理指引 93
全研制链 55

**S**

商用飞机产品系列 5
商用飞机研发项目 11
商用飞机制造业 47

**W**

问题 2

**X**

系统工程 2
项目 1
项目风险 13
项目风险管理利益攸关方 102
项目风险和机遇 10
项目风险和机遇管理 1
项目管理 1
项目管理知识体系 2
项目活动 2
项目机遇 17
项目集 4
项目全生命周期 18
项目群 1
项目组合 1

**Y**

应急预案 55

**Z**

主题专家 130
主制造商 20

# 大飞机出版工程
## 国家出版基金项目书目

**一期(总论系列)书目**

《超声速飞机空气动力学和飞行力学》(译著)

《大型客机计算流体力学应用与发展》

《民用飞机总体设计》

《飞机飞行手册》(译著)

《运输类飞机的空气动力设计》(译著)

《雅克-42M 和雅克-242 飞机草图设计》(译著)

《飞机气动弹性力学和载荷导论》(译著)

《飞机推进》(译著)

《飞机燃油系统》(译著)

《全球航空业》(译著)

《航空发展的历程与真相》(译著)

**二期(结构强度系列)书目**

《大型客机设计制造与使用经济性研究》

《飞机电气和电子系统——原理、维护和使用》(译著)

《民用飞机航空电子系统》

《非线性有限元及其在飞机结构设计中的应用》

《民用飞机复合材料结构设计与验证》

《飞机复合材料结构设计与分析》(译著)

《飞机复合材料结构强度分析》

《复合材料飞机结构强度设计与验证概论》

《复合材料连接》

《飞机结构设计与强度计算》

**三期(适航系列)书目**

《适航理念与原则》

《适航性：航空器合格审定导论》(译著)

《民用飞机系统安全性设计与评估技术概论》

《民用航空器噪声合格审定概论》

《机载软件研制流程最佳实践》

《民用飞机金属结构耐久性与损伤容限设计》

《机载软件适航标准 DO‑178B/C 研究》

《运输类飞机合格审定飞行试验指南》(编译)

《民用飞机复合材料结构适航验证概论》

《民用运输类飞机驾驶舱人为因素设计原则》

## 四期(航空发动机系列)书目

《航空燃气涡轮发动机工作原理及性能》

《航空发动机结构强度设计问题》

《航空燃气轮机涡轮气体动力学：流动机理及气动设计》

《先进燃气轮机燃烧室设计研发》

《航空燃气涡轮发动机控制》

《航空涡轮风扇发动机试验技术与方法》

《航空压气机气动热力学理论与应用》

《燃气涡轮发动机性能》(译著)

《航空发动机进排气系统气动热力学》

《燃气涡轮推进系统》(译著)

《燃气涡轮发动机的传热和空气系统》

## 五期(民机飞行控制系列)书目

《民机飞行控制系统设计的理论与方法》

《民机导航系统》

《民机液压系统》(英文版)

《民机供电系统》

《民机传感器系统》

《飞行仿真技术》

《民机飞控系统适航性设计与验证》

《大型运输机飞行控制系统试验技术》

《飞行控制系统设计和实现中的问题》(译著)

《现代飞机飞行控制系统工程》

**六期(民机先进制造工艺系列)书目**

《民用飞机构件先进成形技术》

《民用飞机热表特种工艺技术》

《航空发动机高温合金大型铸件精密成型技术》

《飞机材料与结构检测技术》

《民用飞机构件数控加工技术》

《民用飞机复合材料结构制造技术》

《民用飞机自动化装配系统与装备》

《复合材料连接技术》

《先进复合材料的制造工艺》(译著)

**七期(ARJ21新支线飞机技术系列)书目**

《支线飞机设计流程与关键技术管理》

《支线飞机验证试飞技术》

《支线飞机电传飞行控制系统研发及验证》

《支线飞机适航符合性设计与验证》

《支线飞机市场研究技术与方法》

《支线飞机设计技术实践与创新》

《支线飞机项目管理》

《支线飞机自动飞行与飞行管理设计与验证》

《支线飞机电磁环境效应设计与验证》

《支线飞机动力装置系统设计与验证》

《支线飞机强度设计与验证》

《支线飞机结构设计与验证》

《支线飞机环控系统研发与验证》

《支线飞机运行支持技术》

《ARJ21-700新支线飞机项目发展历程、探索与创新》

《飞机运行安全与事故调查技术》

《基于可靠性的飞机维修优化》

《民用飞机实时监控与健康管理》

《民用飞机工业设计的理论与实践》

**八期(民机先进航电系统及应用系列)书目**

《航空电子系统综合化与综合技术》

《民用飞机飞行管理系统》

《民用飞机驾驶舱显示系统》

《民用飞机机载总线与网络》

《航空电子软件开发与适航》

《民用机载电子硬件开发实践》

《民用飞机无线电通信导航监视系统》

《飞机环境综合监视系统》

《民用客机健康管理系统》

《航空电子适航性分析技术与管理》

《民用飞机客舱与机载信息系统》

《民用飞机驾驶舱集成设计与适航验证》

《航空电子系统安全性设计与分析技术》

《民机飞机飞行记录系统——"黑匣子"》

《数字航空电子技术(上、下)》

## 九期(商用飞机系统工程系列)书目

《商用飞机研发质量管理理论与实践》

《商用飞机全生命周期构型管理》

《商用飞机驾驶舱研制中的系统工程实践》

《商用飞机系统工程实践方法(英文版)》

《基于模型的现代商用飞机研发》

《商用飞机项目风险和机遇管理》

《商用飞机确认与验证技术》